本书获得山东社会科学院出版资助项目、山东社会科学院博士基金项目、山东社会科学院博士后基金项目、山东省自然科学基金青年项目"山东绿色低碳高质量发展实现路径研究"（ZR2023QG174）的资助。

基于注意力视角的
地方政府环境政策执行行为研究

张坤鑫　著

中国社会科学出版社

图书在版编目(CIP)数据

基于注意力视角的地方政府环境政策执行行为研究/张坤鑫著.
—北京：中国社会科学出版社，2024.6
ISBN 978-7-5227-3651-8

Ⅰ.①基… Ⅱ.①张… Ⅲ.①地方政府—环境综合整治—研究—
中国 Ⅳ.①X321.2

中国国家版本馆 CIP 数据核字(2024)第 110718 号

出 版 人	赵剑英
责任编辑	王　曦
责任校对	李斯佳
责任印制	戴　宽

出　　版	中国社会科学出版社
社　　址	北京鼓楼西大街甲 158 号
邮　　编	100720
网　　址	http://www.csspw.cn
发 行 部	010-84083685
门 市 部	010-84029450
经　　销	新华书店及其他书店

印刷装订	北京君升印刷有限公司
版　　次	2024 年 6 月第 1 版
印　　次	2024 年 6 月第 1 次印刷

开　　本	710×1000　1/16
印　　张	13
插　　页	2
字　　数	165 千字
定　　价	69.00 元

凡购买中国社会科学出版社图书，如有质量问题请与本社营销中心联系调换
电话：010-84083683

目　　录

前言 …………………………………………………………（1）

第一章　导论 ………………………………………………（1）

  第一节　问题的提出 ………………………………………（1）

  第二节　基本概念释义 ……………………………………（7）

  第三节　研究方法 ………………………………………（11）

  第四节　研究内容与结构 ………………………………（16）

  第五节　研究创新 ………………………………………（19）

第二章　研究综述 ………………………………………（23）

  第一节　引言 ……………………………………………（23）

  第二节　政策执行的三个视角 …………………………（24）

  第三节　政策执行的三种分析模式 ……………………（34）

  第四节　研究改进方向 …………………………………（39）

第三章　政府的注意力基础观 …………………………（46）

  第一节　政策执行的认知视角 …………………………（46）

第二节　定义与特征 ……………………………………… （49）

第三节　理论模型 ………………………………………… （54）

第四节　本章小结 ………………………………………… （60）

第四章　地方政府注意力与环境政策执行的单案例研究 …… （62）

第一节　引言 ……………………………………………… （62）

第二节　文献综述与研究框架 …………………………… （64）

第三节　研究方法 ………………………………………… （68）

第四节　环境政策执行的个案分析 ……………………… （75）

第五节　结论与启示 ……………………………………… （81）

第六节　本章小结 ………………………………………… （86）

第五章　理性行为体模式下的政治性执行 ………………… （88）

第一节　引言 ……………………………………………… （88）

第二节　理论机制与研究假设 …………………………… （91）

第三节　研究设计 ………………………………………… （93）

第四节　实证结果与分析 ………………………………… （99）

第五节　稳健性检验 ……………………………………… （102）

第六节　影响机制分析 …………………………………… （105）

第七节　结论与启示 ……………………………………… （109）

第八节　本章小结 ………………………………………… （111）

第六章　组织行为模式下的变通性执行 …………………… （112）

第一节　引言 ……………………………………………… （112）

第二节　理论分析与假设提出 …………………………… （115）

第三节　研究设计 ………………………………………… （117）

　　第四节　实证结果与分析……………………………………（121）

　　第五节　稳健性检验…………………………………………（125）

　　第六节　结论与启示…………………………………………（130）

　　第七节　本章小结……………………………………………（132）

第七章　政府政治模式下的象征性执行………………………（133）

　　第一节　引言…………………………………………………（133）

　　第二节　理论分析与研究假设………………………………（135）

　　第三节　研究设计……………………………………………（142）

　　第四节　实证结果与分析……………………………………（145）

　　第五节　稳健性检验…………………………………………（149）

　　第六节　内生性分析…………………………………………（155）

　　第七节　结论与启示…………………………………………（156）

　　第八节　本章小结……………………………………………（160）

第八章　研究结论与政策建议…………………………………（162）

　　第一节　当注意力遇上行政发包制…………………………（162）

　　第二节　研究结论……………………………………………（167）

　　第三节　政策建议……………………………………………（170）

　　第四节　研究中的不足和展望………………………………（171）

参考文献…………………………………………………………（174）

附录　访谈提纲…………………………………………………（197）

后记………………………………………………………………（199）

前　言

本书关注约束性指标下地方政府的环境政策执行行为。针对现有研究的不足和待解决的关键问题，基于政策执行理论、注意力基础观和决策理论，运用两阶段探索性混合方法研究，在定性研究的基础上进行定量研究，重点关注地方政府环境注意力与环境政策执行行为之间的关系。第一阶段为定性研究，即单案例研究，运用半结构访谈和参与性观察，根据中国 Z 县约束性指标环境政策执行的个案，探索地方政府决策模式及环境政策执行行为转换过程；第二阶段为定量研究，运用中国地级行政区面板数据实证检验中央生态环境保护督察制度下地方政府环境注意力影响环境政策执行行为的作用机理，以及地方政府环境注意力与环境政策执行力之间的关系。本书的主要内容如下：

首先，通过借鉴企业的注意力基础观模型，论证了政府的注意力基础观是一种分析政府公共政策执行行为的理论框架，其在中国情境下具有独特内涵、价值和意义。第一，在地方政府领导有限理性的假设下，政府的公共政策执行行为是组织引导和配置决策者注意力的结果；第二，政府的注意力基础观在注意力来源、注意力配置和注意力质量三个维度上相互配合，适合解释府际关系下公共政策执行者的决策逻辑；第三，政府注意力焦点、政府注意力情境和政府注意力分配三个彼此相关的原则是基于注意力的政府政策执行的理论基础。

其次，基于注意力视角，采用嵌入式单案例研究方法，通过对 Z 县环境政策执行个案进行深入研究，沿着"关注—解释—行动"的思路，探讨了地方政府注意力影响环境政策执行行为的内在逻辑。第一，地方政府行为存在理性行为体模式、组织行为模式和政府政治模式三种决策模式；第二，地方政府的环境政策执行行为呈现出注意力焦点下善政决策、注意力情境下邀功决策、注意力分配下避责决策三重决策逻辑；第三，注意力对环境政策执行行为转换的作用机制主要聚焦于组织决策的解释过程，组织内外部情境、压力型体制下的任务多重性和注意力资源有限性之间的矛盾共同作用于地方政府策略决策下的相机执行。据此，本书提出地方政府政策执行行为转换模型。

再次，基于 2011—2018 年中国 269 个地级行政区的面板数据，运用多期双重差分模型评估了理性行为体模式下，中央生态环境保护督察制度对地方政府环境政策执行行为的因果效应，并识别了注意力的潜在影响机制。第一，中央生态环境保护督察制度显著促进了地方政府环境政策的有效执行；第二，考虑内生性分析、样本选择性偏误及安慰剂检验后结论依旧稳健；第三，中央生态环境保护督察制度改善了地方政府决策环境，注意力质量的提高保证了地方政府环境政策执行行为的有效性。本书对于进一步理解中央生态环境保护督察制度的政治效果，以及对中国环境政策执行行为的政策实践都具有借鉴意义。

复次，基于压力型体制和注意力基础观，以 259 个中国地级行政区 2011—2018 年的面板数据为样本，实证分析了地方政府环境注意力对环境政策执行力的影响。研究结果表明：组织行为模式下，非正式制度压力过高和政府规模过大会影响注意力质量，削弱地方政府环境注意力与环境政策执行力之间的正向关系。政府政治模式下，地方政府环境注意力与环境政策执行力之间呈倒"U"形关系。地方政府环境注意力提高了地方政府对生态环境治理的理解程度，然而，当压力型体制下的环境注意力分配超过地方政府现实条件和实际能力时会诱发地方政府避责行为，即形式上完成政策目标的行为导致了政策执行力的下降。本书采用文本分析和机器学习技术构建出政府环境注意力指标，实证检验了地方政府环境注意力影响环境政策执行力的逻辑，弥补了已有研究较少从量化分析入手研究政府注意力对政策执行力影响的不足，为有效分配政府注意力资源提供了实证证据。

最后，本书将注意力基础观与行政发包制理论结合起来，从横向注意力竞争和纵向行政发包两个维度进一步解释了中国情境下，地方政府环境政策执行行为差异形成的条件和机制。研究结果表明：第一，中央生态环境保护督察制度下地方政府有效决策是环境政策执行成功的必要条件；第二，地方政府环境注意力是环境政策良好执行的必要保障；第三，非正式制度压力过高和政府规模过大会削弱注意力资源的有效性；第四，压力型体制下注意力过度分配会诱发地方政府避责行为。由此，本书指出中国环境政策执行的三条优化路径：第一，加强制度建设，明确政策执行中各职能部门的责任和义务；第二，优化决策机制，减少政策执行中的非正式制度压力；第三，深化行政体制改革，严格控制地方政府规模。

第一章 导论

第一节 问题的提出

党的十八大报告明确了生态文明建设是社会主义建设"五位一体"的重要组成部分。党的十九大报告进一步全面阐述了加快生态文明体制改革、推进绿色发展、建设美丽中国的战略部署。党的二十大报告指出要"推动绿色发展，促进人与自然和谐共生"。生态文明建设是新时代中国特色社会主义的一个重要特征。加强生态文明建设，是贯彻新发展理念、推动经济社会高质量发展的必然要求，也是人民群众追求高品质生活的共识和呼声。研究生态文明建设必然涉及环境政策执行，而环境政策如何有效执行是中国生态文明建设的重点和难点工作。目标导向型政策是当前中国政府环境治理工具的重要举措。从注意力视角出发研究地方政府约束性指标环境政策执行行为，不仅可以帮助我们从决策角度理解地方政府行为，也可以帮助我们认识中国环境政策执行中政治性执行、变通性执行和象征性执行等现象。

一 现实背景

2005年12月，国务院发布的《国务院关于落实科学发展观　加强环境保护的决定》首次将地方政府环境保护任务纳入"一票否决"范围。2011年12月，国务院印发的《国家环境保护"十二五"规划》明确提出将生态文明建设纳入地方政府政绩考核中。2015年7月，中央全面深化改革领导小组第十四次会议审议通过《环境保护督察方案（试行）》，提出建立环保督察工作机制。2016年1月，中央环境保护督察组对河北省开展环境保护督察试点工作后，又分四批对全国剩下的省（自治区、直辖市）进行环保督察，并于2017年9月实现了中央环保督察全国覆盖。2018年，"中央环境保护督察"改为"中央生态环境保护督察"，增加了"生态"二字，以贯通污染防治和生态保护，加强生态环境保护统一监管。2019年6月，中共中央办公厅、国务院办公厅印发的《中央生态环境保护督察工作规定》正式确立了中央生态环境保护督察的基本制度框架、程序规范和权限责任等。2019年7月，第二轮中央生态环境保护督察全面启动、更加深入，增加国务院有关部门和有关中央企业作为督察对象；将贯彻落实习近平生态文明思想，贯彻落实中共中央、国务院生态文明建设和生态环境保护决策部署情况，以及落实新发展理念、推动高质量发展情况等作为督察重点。2022年6月，第二轮督察任务全面完成。第一轮中央生态环境保护督察基本情况如表1-1所示。

表1-1　　　　第一轮中央生态环境保护督察基本情况

批次	省份	督察时间
试点	河北	2016年1月
第一批	内蒙古、黑龙江、江苏、江西、河南、广西、云南、宁夏8省（自治区）	2016年7月12日—2016年8月19日
第二批	北京、上海、湖北、广东、重庆、陕西、甘肃7省（市）	2016年11月24日—2016年12月30日

续表

批次	省份	督察时间
第三批	天津、山西、辽宁、安徽、福建、湖南、贵州7省（市）	2017年4月24日—2017年5月28日
第四批	吉林、浙江、山东、海南、四川、西藏、青海、新疆（含兵团）8省（市）	2017年8月7日—2017年9月4日

资料来源：作者整理。

中央生态环境保护督察是中国环境监管顶层机制的重大变革。就生态环境保护督察的重心来说，2006—2013年以督察企业为核心，2014—2015年则由督察企业转变为督察政府。就生态环境保护督察制度的变迁而言，中央生态环境保护督察一方面从环境保护部牵头转向中央主导，另一方面从"查企业为主"转向"查督并举，以督政为主"，督察结果成为考核、评价和任免领导干部的重要依据。中央生态环境保护督察工作机制全面落实了党委、政府环境保护"党政同责""一岗双责"的主体责任。党的二十大报告指出，"生态环境保护发生历史性、转折性、全局性变化，我们的祖国天更蓝、山更绿、水更清，生态环境保护任务依然艰巨"。同时，中央生态环境保护督察发现地方政府环境政策执行仍然存在不作为、慢作为，不担当、不碰硬，甚至敷衍应对、弄虚作假等形式主义、官僚主义问题[①]。

二 理论背景

政策执行的决策者并不是一个能思考的人，而是一个由组织和政治行为体构成的集合体，理解地方政府行为应该从理性行为体模式、组织行为模式和政府政治模式三种概念模式出发（艾利森、泽利科，2015）。每个概念模式都包含了一系列假设和范畴，各种模

---

① 参见生态环境部官网。

式及其概念的概括如表1-2所示。理性行为体、组织行为和政府政治三种分析模式相互补充，可以对地方政府行为给出更为合理的解释。

表1-2 各种模式及其概念的概括

模式	基本分析单位	主要推导模式
理性行为体模式	作为选择的政府行动	实现目标价值最大化
组织行为模式	作为组织输出的政府行动	受限于组织资源的输出
政府政治模式	作为政治合成物的政府行动	讨价还价的结果

资料来源：修改自艾利森、泽利科（2015）。

讨论地方政府层面的环境政策执行时，地方政府注意力成为影响环境政策执行的关键变量（刘军强、谢延会，2015；庞明礼，2019；王仁和、任柳青，2021；陶鹏、初春，2020；章文光、刘志鹏，2020；黄冬娅，2020）。中国绿色发展理念的深入贯彻与中央政府问责力度的持续加大，倒逼地方政府将更多注意力分配给生态环境保护议题。然而，行政问责制的快速兴起和过度使用，将无形中改变地方政府的决策环境。尤其是在压力型体制和行政发包制的中国情境下，地方政府不仅面临多重正式制度压力和非正式制度压力，而且面临多种行政发包任务。地方政府追求决策理性，这对环境政策执行行为产生了实质影响，同时左右了环境政策执行结果，即环境政策执行力。那么，地方政府在责任与权力边界逐渐明晰的情况下，如何在有限注意力和多种行政发包任务之间寻求平衡？

地方政府的政策执行行为包括三方面的内容：一是注意力的分配，即"注意到"；二是执行模式的选择，即"怎么做"；三是执行的结果，即"怎么样"。换句话说，地方政府的政策执行不是简单的重视还是不重视以及重视多少的注意力分配问题，而是一个连续的不断变化的过程。地方政府在面临低模糊性、高冲突性的环境政策时会选择政治性执行，此时权力在执行过程中起重要作用（Matland，1995）。但是，行政发包制使地方政府拥有很大的自由裁量权（周黎安，2014），这赋予了地方政府执行政策的灵活性，使地方政府可以通过选择最优的执行模式最大化自己的利益。与此同时，地方政府在执行同一政策时，也存在行政性执行、变通性执行、试验性执行和象征性执行模式间的转换（杨宏山，2014）。

根据注意力基础观（Ocasio，1997，2011），注意力的稳定性和生动性是注意力质量的两个典型特征，两者相互竞争，因此提升组织注意力的质量需要协调好稳定性和生动性的关系（Rerup，2009；Weick，Sutcliffe，2006）。事实上，我们在现实中观察到的地方政府执行行为不断转换的现象，本质上是注意力质量对执行行为的影响。对于中央政府来说，要改善地方政府环境政策执行行为，提高环境政策执行力，需要通过正式制度为地方政府营造良好的决策环境，进而保证注意力质量。

当前关于注意力的研究主要集中于工商管理领域，且大多数是从企业高管如何影响企业行为的角度来研究（张明等，2018）。在公共管理领域，对于地方政府注意力的问题，整体而言还没有引起足够的关注和重视（练宏，2020）。因此，对地方政府注意力的研究，有助于从新的角度更加全面地认识中国地方政府的政策执行行为。本书对地方政府约束性指标环境政策执行的研究为解释地方政府政策执行行为提供了新的视角。与其他公共政策相比，约束性指标政策具有低模糊性、高冲突性的特征，地方政府有更强的执行动力和更多的注意力分配。地方政府环境注意力变化引起了决策逻辑的转换，这导致了政策执行行为的变化，进而影响了环境政策执行力。

三 研究问题

地方政府较好地完成了"十一五"和"十二五"规划中环境政策的约束性指标，与此同时，地方政府也存在表现型政治、象征性执行和形式主义等现象。在高度问责和目标明确的情况下，地方政府理应很好地完成中央政府制定的环境政策执行目标。但是，现实情况下为什么仍然存在上述这些现象？是什么导致了地方政府高度重视下政策目标依旧无法完成的情况？对此，本书将试图回答以下研究问题：

地方政府环境注意力如何影响环境政策执行？

四 研究意义

国家"十一五"规划明确将节能减排作为主要约束性指标之一，并采用目标责任制的方式下达目标、分解任务，以量化的形式明确政策目标。地方政府作为中央政府的代理者，是执行和落实中央环境政策的关键主体，研究地方政府环境注意力和环境政策执行行为具有非常重要的理论和实践意义。对于中央政府而言，其目标是如何完善政策的制定和评价体系，推进国家治理体系和治理能力现代化，以促使地方政府更好地执行中央政策。对于地方政府而言，其目标是如何有效决策，保证注意力质量，来完成中央政府的多种政策目标和多重政治任务。

第一，在理论上，一方面，结合政策执行理论、注意力基础观和决策理论，通过引入地方政府注意力建立中国情境下的概念框架，解释地方政府环境注意力如何影响环境政策执行行为。从理性行为体模式、组织行为模式和政府政治模式三个维度出发，揭示地方政府环境注意力影响环境政策执行行为的组织决策逻辑，为政策执行理论提供了新的洞见。另一方面，在研究中考虑了中国情境的重要性。强调压力型体制和行政发包制的重要作用，实证检验了注意力基础观理论的焦点原则、情境原则和分配原则，并从中国的现实背景出发，用决策理论解释了地方政府的避责决策逻辑。这拓展了注意力基础观理论的解释力，为研究中国情境下的环境政策执行问题提供了实证证据。

第二，在实践上，首先，本书为解释地方政府环境政策执行行为提供了注意力新视角，为分析地方政府的公共政策执行提供了更切合实际的概念框架。这有助于帮助中央政府更好地理解地方政府的环境政策执行行为，进而通过完善制度体系来提高环境政策执行力。其次，本书为理解地方政府象征性执行提供了新解释，从决策的角度说明了当地方政府注意力分配超过地方政府现实条件和实际能力时，会诱发地方政府的避责行为。这有助于中央政府制定合理的激励制度，引导地方政府合理分配其有限的注意力。最后，本书有助于从约束性指标环境政策执行的角度更加全面地认识中国政治制度中的压力型体制，地方政府在环境政策执行过程中，要综合考虑非正式制度压力、政府规模等情境因素，避免"言而不行"的困境，以进一步保证环境政策有效执行。

第二节　基本概念释义

一　注意力

从国内研究来看，关于注意力的研究有政治注意力和决策者注意力两个基本研究脉络。政治注意力关注政策本身，既通过政策变迁的注意力证据检验间断平衡过程，也尝试发现政治注意力在某项公共政策上的分配优先级（陶鹏、初春，2020）。该脉络将政治注意力作为一种测量方式,探索政治注意力在某项或某类政策上的分配情形。如测量中国政府推进基本公共服务的注意力(文宏,2014);研究地方政府生态环境注意力的变化规律(王印红、李萌竹,2017);探究领导人注意力变动机制(陈思丞、孟庆国,2016);分析政府职能转变注意力配置(郭高晶、孟溦,2018)等。

决策者注意力将注意力作为一种稀缺资源(Simon,1947),研究组织决策者的注意力,即地方政府如何分配其有限的注意力来执行中央政策。如运用注意力基础观研究邻避事件中政府注意力分配机理(李宇环,2016);注意力的戴帽竞争会影响地方政府行为,党委政府的注意力对组织决策起关键作用(练宏,2016);不同任务对注意力的争夺效应(赖诗攀,2020)等。

本书基于决策者注意力研究地方政府环境注意力与环境政策执行行为之间的关系。具体而言,注意力是指决策者把有限的时间和精力用于关注、编码和解释组织议题和答案两个方面的过程(Ocasio,1997,2011)。他们根据自己所处的环境,有选择地关注有关信息,有效地配置有限的注意力,提高信息处理能力,从而做出决策。

二 政策执行

政策执行贯穿每一项公共政策的落实。按照古典执行模型,一旦政府制定了一项政策,该政策就会得到执行,其结果将接近决策者的预期(Smith,1973)。然而,许多政策执行结果却事与愿违,学者们开始关心政策制定和执行结果差异背后的影响因素。1973年普瑞斯曼和威尔达夫斯基发表的《执行》意味着政策执行成为公共政策科学中特定的研究领域(Pressman,Wildavsky,1973)。

政策执行研究一方面有助于发现不同利益群体间的行为,另一方面也能够反映政策执行主体对执行的影响过程。第一,政策执行属于政策过程的研究主题,关注各方面的利益博弈。第二,政策执行较为中观,它具体地展现了不同利益群体和组织间的沟通交流过程,有助于概念化操作和信息收集,更容易形成合理的理论解释。第三,对政策执行的研究可以反映政策执行力高低的形成过程。

本书的核心观点是:政策执行是政策目标与政策实际效果之间差距的研究。本书基于注意力基础观和决策理论,关注中国情境下地方政府环境政策执行。受制于各个利益相关者的影响,政策执行并不能按照既定目标实现政策效果。从这个意义上看,政策执行的研究要超越一般的政策过程研究,去挖掘背后更深层次的影响条件。本书通过梳理、评析前人的研究成果,并尝试建立它们之间的联系,然后从注意力的视角来研究政策执行。

马特兰德从政策的模糊性和冲突性两个维度出发,提出了政治性执行、行政性执行、象征性执行和试验性执行四种政策执行行为(Matland,1995),本书重点研究前三种执行行为。行政性执行是政策指令从官僚体制的最高层权威出发,逐步传递到政策执行层的过程,这是一种理想的执行行为(胡业飞、崔杨杨,2015);政治性执行是指领导者把自己的权威意志强加于他人之上,使众多参与群体协调一致执行政策,政治性执行下的运动式治理能够迅速完成政策既定目标(贺东航、孔繁斌,2019);象征性执行是指政策执行流于表面,通常只发挥一种象征作用,不利于政策执行力的发挥(孙宗锋、孙悦,2019)。

"路径—激励"模型从府际关系出发,认为地方政府不仅在执行上级政策时会采取差异化行动模式,同一政策的执行也存在行政性执行、变通性执行、试验性执行和象征性执行模式间的转换(杨宏山,2014);政策执行者执行模糊政策时会将不容易开展的试验性执行转换为容易完成的行政性执行(胡业飞、崔杨杨,2015);

不同情境的变化也会影响地方政府的政策执行行为（袁方成、康红军，2018）。本书认为政策执行行为是一个不断转换的过程，不存在一个固定的政策执行模式。

当前关于政策执行力的定义可以分成政府执行力和政策执行力。政府执行力关注政府的某种能力和力量。如为了实现既定的政策目标，各个政策执行主体协同作用在政策执行中呈现出的协同执行力（丁煌、汪霞，2014）；地方政府在准确理解政策目标前提下完成既定目标的能力，如通过计划设计、实施方案，协调各种资源来执行政策（莫勇波，2005）；也有学者通过执行刚度、执行力度、执行公信度、执行速度和执行效度等指标来量化政府执行力（杨代福、李松霖，2016）。

政策执行力关注政策本身，即将政策目标转化为政策实际结果的完成程度（杨宏山，2015）。衡量政策执行成功与否的标准是政策现实是否能达到政策目标（Matland，1995），政策执行力不足导致了政策目标与政策现实产生偏差。如用排污费征收政策现实与目标的偏离程度来衡量政策执行力（郑石明等，2015）；用政策目标完成度即政策执行力来研究村级组织政策执行与权力运作的逻辑（钟海，2018）。政策执行力高意味着政策执行有效，目标完成度高；政策执行力低意味着政策执行偏离既定的政策目标，执行工作是无效劳动，如象征性执行等形式主义问题。

三 决策

决策指地方政府根据地区实际情况，因地、因时制宜而做出在一定范围、一定时期内执行的决定和计划。这是地方政府在征询各方意见的基础上做出的，决策的结果权衡了各方利益。地方政府的职责主要在于执行落实由上级制定的公共政策。要更好地贯彻落实这些公共政策，地方政府会在政策允许的范围内，根据本地区实际情况做出各种灵活的决策。公共政策执行包含若干个政府决策以及许多政府人员的个人决策。

本书认为注意力是一种稀缺资源，注意力导致组织决策，而问题导向的决策和答案导向的决策是决策过程启动的两个机制，前者是问题诱发的组织决策，后者是答案导向的组织决策（周雪光，2008）。在问题导向的决策过程中，政府环境注意力增加有助于提高环境政策执行力，这是问题得到解决的决策结果。答案导向的组织决策是指决定在发现问题之前已经做出，这影响了注意力质量（张明等，2018）。在答案导向的组织决策下，即使政府将注意力资源聚焦于环境保护议题，也不一定能够提升环境政策执行力，这是忽略问题的决策结果。

第三节　研究方法

一　混合方法研究

混合方法研究是一种研究取向，指研究者同时使用定性研究和定量研究方法，并在整合两种研究方法优势的基础上对研究结果进行诠释，以期更好地理解研究问题（Creswell，2014）。当前公共管理领域顶级期刊的混合方法研究大部分采用序列式设计，主要包括解释性序列设计（先定量研究再定性研究）、探索性序列设计（先定性研究再定量研究）、混合性序列设计（定性研究定量研究同时进行）三种设计方案（Mele，Belardinelli，2019）。

地方政府环境政策执行行为研究的复杂性要求我们不能仅用定性研究或者仅用定量研究的方法来回答问题，二者结合能帮助我们更好地理解研究困境，弥补使用单一方法的不足（Creswell，Clark，

2017）。具体而言，定性研究方法既无法把一个源自小众群体的研究结果推广到更大的群体，也无法精确测量群体的总体感受；定量研究方法既无法探索个体的故事和意义，也无法深入探究个体的视角。混合方法研究则能够帮助研究者处理更复杂的研究问题，收集更丰富、更有说服力的证据。

案例研究适合研究复杂管理现象随时间变化不断动态改变的过程（Yin，2018）。研究对象既可以是当前正在发生的事件，也可以是历史性回顾（Eisenhardt，Graebner，2007）。单案例研究能够使研究者更深入地探究动态、复杂的现象，灵活处理多个分析层次的数据，并突出现象的情境因素。本书重点关注政策执行的过程及机制，单案例研究既可以对过程进行深入分析，也可以更好地对事件脉络及其互动进行把握。因此，本书通过单案例研究开展政策执行行为过程研究。

实证研究适合探讨变量间稳定的因果关系，二手数据的样本量大，具有较高程度的客观性和高度的可复制性（陈晓萍等，2012）。实证研究能够使研究者通过探究变量之间深层的机制去解释变量之间的因果关系。本书选择以 Z 县的环境政策执行过程开展嵌入式单案例研究，研究结果的可推广性有限。因此，本书通过大样本实证研究检验注意力与政策执行行为之间的关系，并验证单案例研究提出的研究命题。

二 研究设计

本书遵循"问题提出—理论建构—假设检验"的研究思路进行研究设计。本书研究目的是研究地方政府的环境政策执行行为。由于我们不知道地方政府政策执行行为背后的机制，所以本书运用两阶段探索性混合方法研究，先用单案例研究建构理论模型，接着运用大样本二手数据实证检验研究假设。

第一章是导论。

第二章，首先，本书对已有政策执行文献进行归纳总结，提出政策执行的三个视角和三种分析模式。其次，对现有研究进行评述。最后，据此提出研究的切入点——地方政府的注意力视角。本阶段重点关注研究切入点。

第三章，首先，从政策执行的认知视角对地方政府行为进行分析。其次，通过对企业的注意力基础观研究的综述，指出政府的注意力基础观的三个基本特征：行政权分配下的注意力来源多样性/复杂性、强弱激励并存下的注意力配置被动性以及中国文化情境下的注意力质量不稳定性。最后，提出政府注意力焦点、政府注意力情境和政府注意力分配三个彼此相关的原则和概念框架，奠定了基于注意力的政府政策执行的理论基础。本阶段重点关注企业的注意力基础观这一理论空间在政府研究领域的适用性。

第四章，本书采用单案例研究的方法。首先，研究采用半结构访谈法和参与观察法对参与 Z 县环境政策执行的各个职能部门官员进行一对一访谈，并在 Z 县生态环境局进行实习，以期获得真实有效的信息。其次，为了更加全面地梳理地方政府环境注意力如何影响环境政策执行行为，本书采取了归纳式主题分析法（Gioia et al.，2013），遵循"证据条目—构念—关系"的演绎范式，从最原始的证据到一阶构念，再到二阶主题，最后到构念之间的逻辑关系展示，构建出地方政府政策执行行为转换模型（Corley，Gioia，2004）。最后，基于模型通过逻辑演绎的方法提出三个研究命题。本阶段重点关注地方政府环境注意力如何影响环境政策执行行为。

第五章，本书采用因果推断研究的方法。首先，通过对中央生态环境保护督察制度领域的理论综述，提出研究假设。其次，采用中国地级行政区面板数据多期双重差分的分析方法，对中央生态环境保护督察制度的政策效应进行了实证检验，考虑内生性分析、样本选择性偏误及安慰剂检验后都表明研究结论稳健。最后，通过设置中介变量的方式，实证检验了地方政府环境注意力的作用机理。本阶段重点关注中央生态环境保护督察制度对环境政策执行行为的影响。

第六、第七章，本书采用实证研究的方法。首先，通过对地方政府注意力领域的理论综述，结合单案例研究的命题，提出研究假设。其次，采用中国259个地级行政区面板数据固定效应模型回归的分析方法，并考虑非正式制度压力和政府规模两个情境条件，对研究假设逐一进行实证检验。最后，对内生性问题进行了讨论。本阶段重点关注情境条件和地方政府决策模式对环境政策执行力的影响。

第八章，首先，本书将政府的注意力基础观与行政发包制相结合，即横向注意力分配与纵向任务发包结合，提供了分析中国地方政府政策执行行为的两个基本维度。其次，本书在前述的政策执行转换模型和实证研究的基础上进一步总结了地方政府注意力与政策执行行为相互作用机制。最后，提出政策建议、研究不足和展望。本书研究路线如图1-1所示。

三　研究流程

本书关注地方政府的环境政策执行行为。运用两阶段探索性混合方法研究，先用定性研究探索研究问题，接着把定性研究发现用于第二阶段的定量研究。探索性序列设计基本程序的流程如图1-2所示。第一阶段定性研究说明地方政府注意力如何影响地方政府政策执行行为转换；第二阶段定量研究运用中国地级行政区面板数据检验单案例研究提出的研究命题。具体而言，第四章单案例研究采

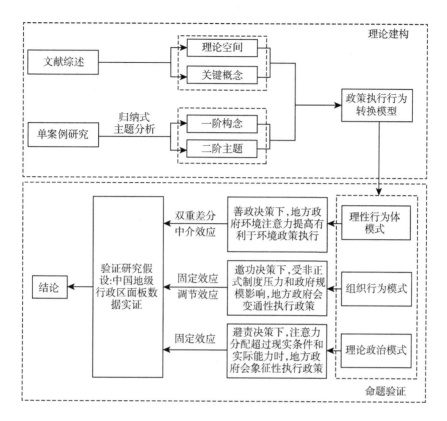

图 1-1　本书研究路线

用定性的半结构访谈和参与性观察,根据中国 Z 县环境政策执行的个案,探索地方政府环境政策执行行为。第五章因果推断研究关注中央生态环境保护督察制度对环境政策执行行为是否有效以及地方政府环境注意力的中介作用;第六、第七章的实证研究关注中国259 个地级行政区环境注意力与环境政策执行力的关系以及非正式制度压力和政府规模的调节作用。具体来说,单案例研究回答"为什么"的问题,即地方政府环境注意力如何影响环境政策执行行为;因果推断研究回答中央生态环境保护督察制度是否有效;实证研究回答"是什么"的问题,即地方政府环境注意力是否会影响环境政策执行力。

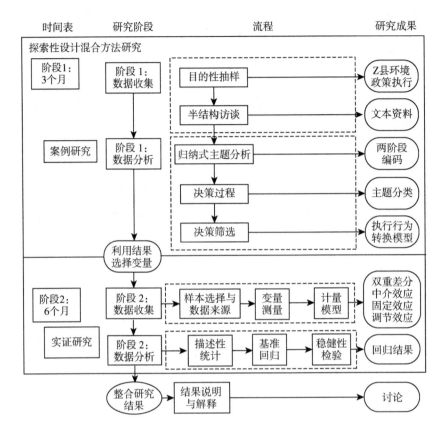

图1-2 探索性序列设计基本程序的流程

第四节　研究内容与结构

一　研究内容

首先，本书使用定性研究的方法，收集Z县相关数据，探索环境注意力来源及决策逻辑转换的机制，提出政策执行行为转换模型和研究命题。其次，运用双重差分法研究中央生态环境保护督察制度对环境政策执行行为的影响，验证假设1和假设2。再次，运用中国259个地级行政区面板数据研究影响地方政府环境注意力与其行为关系的情境条件，实证检验了组织内外部情境会影响地方政府环境注意力与政策执行力间的关系，验证假设 3 和假设 4。最后，进一步实证研究发现，压力型体制下注意力过度分配诱发了地方政府避责逻辑，地方政府环境注意力与环境政策执行力间呈倒"U"形关系，验证假设 5。

本书的研究对象是中国地方政府的约束性指标环境政策执行行为，具体为约束性指标环境政策下，地方政府注意力对政策执行行为的影响机制。这包含了中国压力型体制和行政发包制下注意力质量、政府的注意力基础观原则的理论研究，以及地方政府决策逻辑、政策执行过程和影响因素的实证研究。其中，理论研究主要涵盖政府注意力特征、地方政府行为逻辑、政府注意力与行政发包制相互关系等；而实证研究主要聚焦于地方政府注意力对环境政策执行行为和对环境政策执行结果的影响等。研究框架如图 1-3 所示。

二 本书结构与章节安排

本书分为八章，主要内容安排如下所示。

第一章，说明研究背景和意义，提出研究问题，阐释基本概念，明确研究思路和方法，说明混合方法设计的具体流程，简述研究内容，介绍研究框架，指出创新点。

第二章，国内外相关研究综述：首先，厘清政策执行的三个研究视角，并指出可借鉴之处。其次，对政策执行行为进行理论回顾，并寻找西方理论在中国情境下的适用性。最后，提出本书的切入点"注意力"和分析地方政府政策执行行为的三种模式。

第三章，借鉴企业的注意力基础观，提出政府的注意力基础观在注意力来源、注意力配置和注意力质量三个维度上呈现出相互配合和内在一致的特征，适合解释府际关系下公共政策执行者的决策

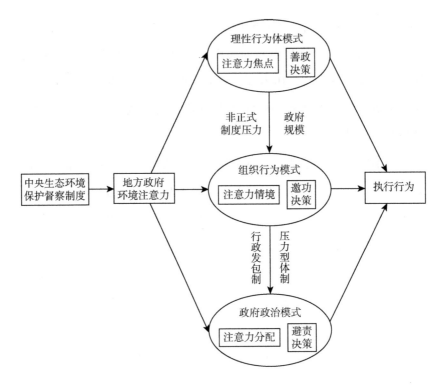

图 1 – 3 本书研究框架

逻辑，并提出政府的注意力基础观的基本原则和概念框架。

第四章，基于注意力视角，对"地方政府环境注意力如何影响环境政策执行"这一问题展开嵌入式单案例研究，以 Z 县环境政策执行行为研究对象，从理性行为体模式、组织行为模式和政府政治模式三个维度出发，本书发现地方政府的环境政策执行行为呈现出注意力焦点下善政决策、注意力情境下邀功决策、注意力分配下避责决策三重决策逻辑，进而构建了地方政府政策执行行为转换模型。从关注、解释和行动 3 个阶段系统阐释了地方政府注意力如何影响环境政策执行的内在逻辑。

第五章，运用多期双重差分模型评估了中央生态环境保护督察制度是否有效，同时识别了注意力的潜在影响机制，并采用文本分析和机器学习技术构建出地方政府环境注意力指标。结果表明，中央生态环境保护督察制度改善了地方政府决策环境，提高了地方政府环境注意力质量，最终促进了环境政策的有效执行。

第六章，采用设置调节变量的方法实证检验了影响地方政府环境注意力与环境政策执行力二者关系的情境条件。结果表明，非正式制度压力过高和政府规模过大会弱化地方政府环境注意力与环境政策执行力之间的正向关系。

第七章，基于压力型体制和注意力基础观，运用固定效应模型，以 259 个中国地级行政区 2011—2018 年的面板数据为样本，实证分析了地方政府环境注意力与环境政策执行力之间的倒"U"形关系。

第八章，研究结论与政策建议：将注意力基础观与行政发包制理论结合起来，从横向注意力分配和纵向行政发包两个维度出发，拓展了地方政府公共政策执行行为转换和行为差异的分析深度和广度。总结研究结果、政策建议、研究不足以及未来研究方向。

第五节 研究创新

一 理论层面创新

其一，本书借鉴企业的注意力基础观（Ocasio，1997，2011），提出政府的注意力基础观，这可以引导人们从一个不同的视角来观察、研究和诠释地方政府的政策执行行为。

目前既有文献中对注意力影响政策执行机制的研究关注点多集中在对政策变迁的讨论（Jones，Baumgartner，2005）上。间断平衡理论认为，政府对信息不成比例的处理导致了政策的不变或者突变（陈思丞、孟庆国，2016）。同时，注意力—行为的研究指出注意力竞争是影响政策执行行为的主要原因（练宏，2016；赖诗攀，

2020），但是这不能解释高强度动员下政策目标无法完成的情况（王智睿、赵聚军，2021），这就造成了现有理论的冲突。

本书在系统梳理和分析政策执行行为研究的基础上，借鉴企业的注意力基础观模型（Ocasio，1997），通过与行政发包制理论相结合（周黎安，2014，2015），指出目前已有研究将执行行为的转换归因于地方政府注意力完全有效的基础上是理论冲突的主要原因。本书进而运用单案例研究和地级行政区面板数据证明地方政府环境注意力并不是中国环境政策有效执行的主要原因。与之相对应的是，本书认为在约束性指标环境政策执行中，地方政府有效决策是保证环境政策有效执行、提高环境政策执行力的主要原因。

研究的创新是区分了注意力质量。尽管地方政府环境注意力对环境政策执行行为发生作用，但这个作用并不是注意力的多少引起的，而是决策模式和决策逻辑的改变影响了地方政府行为的转换，进而影响了政策执行力。这在一定程度上解释了高强度动员下政策目标无法完成的情况。

其二，研究推进了压力型体制和地方政府行为的研究，阐释了中国体制下中央生态环境保护督察制度和非正式制度压力对地方政策执行行为的作用，并验证了中央生态环境保护督察制度的有效性。

当前研究多将国家最高层级领导（陶鹏、初春，2020）、国家层级的政治机构（庞明礼，2019）作为注意力主体，对地方政府注意力的研究则较少。这既不容易对注意力主体细节进行捕捉，也不容易检验注意力基础观的注意力焦点、注意力结构和注意力情境之间的相互影响。本书选择了地方政府为研究主体，拓展了注意力主体的研究范围。

研究的创新是提出地方政府政策执行行为转换模型，这可用来解释中国政治制度中地方政府注意力影响环境政策执行行为的决策逻辑。特别是区别于传统中国政治制度的研究，这一转换模型将地方政府注意力决策逻辑纳入研究范畴，从理性行为体模式、组织行为模式和政府政治模式三个维度进行分析并实证检验，打破了以往研究中采用理性行为体模式解释地方政府政策执行行为的假设。这些研究可以拓展到环境政策之外的其他公共政策执行研究，也为更好地理解中国公共政策执行开辟了方向。

其三，研究丰富了制度性集体行动理论（Feiock，2013；Yi et al.，2018）。该理论认为如果缺乏外部强制，集体利益很难依靠理性自利的个体采取合理行动来实现。加强制度建设和制度创新，规范政策执行中政策执行主体的执行行为，是提升政策执行力的重要途径。

研究的创新是发现并验证了中央生态环境保护督察制度对地方政府环境政策执行行为的作用。中央生态环境保护督察制度会把政策执行中存在的相关问题反馈给地方政府，使地方政府能够更有效地解释信息，从而做出正确的决策，这提高了注意力的质量，进而保证了环境政策有效执行。

二 方法层面创新

其一，采用混合方法研究丰富了地方政府环境政策执行行为的研究，使得论证结果更有说服力。

目前对于中国地方政府行为和政策执行的研究多集中于理论研究和单案例研究，对中国情境下的政策执行行为多采用批判性观点。本书采用混合方法研究，在单案例研究的基础上，采用实证研究进一步验证了地方政府注意力影响地方政府政策执行行为的机制。特别是采用了面板数据和文本数据两种不同数据来源进行实证论证，并进行了多种方式的稳健性检验，增强了论证结果的可信性。这进一步丰富了中国情境下地方政府政策执行行为的研究方法。

其二，采用多期双重差分模型检验中央生态环境保护督察制度的作用，并检验地方政府环境注意力的中介作用。

如何评估政策时点不一致的政策效果是现有研究中的难点。为了解决这一问题，本书引用多期双重差分模型对研究提出的假设进行验证，并采用了三步法进行注意力的中介效应检验。同时本书进行了一系列稳健性检验，较好地控制了某些除干预因素以外其他因素的影响。

其三，采用工具变量法修正内生性问题，并分别使用两阶段最小二乘法和最优 GMM 的估计方法。

环境注意力的投入并不是外生的（随机的）。问题比较严重的地区地方政府会投入更多注意力，但是对问题严重的地区来说，存在如下可能：投入再多注意力也不足以达成他们迫于同辈压力提出的相对较高的治理目标。因此，本书将同省份其他地级行政区节能减排目标的均值作为地方政府环境注意力的工具变量，可以更准确地识别地方政府环境注意力与环境政策执行力之间的倒"U"形关系。

第二章　研究综述

本章主要总结并评述了国内外相关研究。首先，回顾了公共政策执行的相关理论研究，并将理论流派分为政策过程、执行过程和行为过程三种视角。其次，本章从理性行为体、组织行为和政府政治三种分析模式回顾了公共政策执行行为的相关研究，并重点分析了中国情境。最后，结合国内外相关研究，本章评述了现有研究视角的优点和不足，并提出了本书的切入点以及试图填补的缺口。

第一节　引言

相比于政策工具、政策网络与政策范式的研究，政策执行一直是政策过程研究中的一部分（Howlett，2019）。然而，从认知视角研究政策执行行为也至关重要，政策执行者注意力的分配会受到社会情境、制度背景和组织特征的影响。早期研究表明，政策标准、目标和资源通过影响执行者的意向影响政策执行（Van Meter，Van Horn，1975）。令人遗憾的是，后续研究并没有重视注意力的作用，反而陷入了不同研究范式之间的争论。研究者们大都各自为政，如自上而下的研究强调中央政府在政策执行中的作用（McLaughlin，

1987；Sabatier，Mazmanian，1980），进而通过概念框架来分析影响政策执行的因素，但却忽略了政策执行主体对政策结果的影响；自下而上的研究则提出基层政策执行主体凭借自由裁量权对政策执行产生实质性影响（Hjern，1982；Lipsky，1971），这弥补了前者对基层政策执行者的忽视，但却没有考虑执行机构的作用。政策执行整合研究的学者试图把两者的相关要素整合在一起，并提出了新的影响因素（Elmore，1979；Goggin，1990；Matland，1995；Sabatier，1986），但把变量减少到关键因素或构建包含所有可识别变量的模型都是不可能的，研究政策执行需要从整体上把握这个过程（Hill，Hupe，2002）。

因此，本书遵循"公共政策—政策执行—执行行为"的分析逻辑，对政策执行的相关文献进行系统的回顾和总结，从理性行为体、组织行为和政府政治三种分析模式（艾利森、泽利科，2015）呈现政策执行行为研究，并以此为立足点，提出注意力在政策执行中的重要性。

第二节 政策执行的三个视角

政策执行的研究聚焦于解释执行"发生了什么"和影响执行"发生的事情"两个方面（Hill，Hupe，2002）。政策科学领域的研究把政策执行作为政策过程中的一部分进行研究（Howlett，2019），而政策的阐释性研究则把政策目标与结果放到更大的社会环境，基于对现实世界的观察来理解政策执行，如文化维度（Yanow，1993）、执行者感知（Spillane et al.，2002）等。也有学者把政策执行研究分为自上而下、自下而上以及混合研究途径（DeLeon，DeLeon，2002；Natesan，Marathe，2015；O'Toole Jr，2000；Sabatier，1986）。表 2 - 1 是政策执行的定义。本书根据研究层次将政策执行研究分为三类：政策过程研究、执行过程研究以及行为过程研究。

表 2 - 1　　　　　　　　　政策执行的定义

作者	定义
Pressman and Wildavsky（1973）	执行是在因果关系中建立后续环节以获得预期结果的能力
Van Meter and Van Horn（1975）	政策执行包括公共和个人（或团体）为实现以前的政策决定所规定的目标而采取的行动
Sabatier and Mazmanian（1980）	执行是为了实现法规中的政策决策。理想决策包括要解决的问题、实现的目标以及构造执行过程的方式
Goggin（1990）	政策执行是使已经决定的目标生效的一系列决定和行动的过程
DeLeon（1999）	政策执行是政策期望与感知的政策结果之间发生的活动
O'Toole Jr（2000）	政策执行是在政府确定要做或停止做某事行为意图与对真实世界的最终影响之间产生的

资料来源：作者整理。

一　政策过程视角

（一）政策周期模型

政策周期模型将决策过程区分为几个离散的阶段，每个阶段与概念化政府的创建和产出相对应，通过确定公共政策制定的基本过程和周期性质来简化公共决策的复杂性。但是，该模型过于理性主义和线性，认为所有的政策都按照既定过程进行，忽视了政治等因素的影响。在面临重大事件时，政治运动可以代替政策过程，侧重于决策过程的研究也没有把政策执行提升到很重要的位置。不可否认的是，以问题和多任务为导向的政策过程研究与"多源流模型"和"倡导联盟框架"成为 19 世纪 80 年代和 90 年代政策科学理论的主流（Howlett，2019）。

（二）多源流模型

金登认为事件和行动者的相互作用很重要，进而提出"多源流模型"（Kingdon，1984）。由于总统、国会和其他的决策者面临许多问题，这些问题如何成为议题就显得至关重要。更进一步来看，问题源流、政策源流和政治源流三者共同作用将影响政策议程。换言之，政策周期模型并不是针对社会问题自动产生的，而是在三种源流的相互作用下，"政策之窗"被打开，由政策企业家推动三条源流交汇产生的。多源流的观点主要研究政策议程，关注政策本身，对执行的研究有限。

（三）倡导联盟框架

如果说上述研究聚焦于政策过程的初始阶段，那么萨巴蒂尔等人的研究则考虑了不同行动者在后续活动中的影响。倡导联盟框架认为（Sabatier，1988），每个联盟都有自己的核心信仰。不同联盟的核心信仰有差异：如有的环境团体支持命令—控制式管制，而另一些团体则倾向把经济激励作为一种政策工具。换言之，统一的信仰可能并不存在，多联盟下的结构化差异导致了群体的信仰差异。因此，如何通过核心信仰把所有的参与者吸引到特定的联盟中是关键。政策联盟框架弥补了政策周期模型对思想、学习和合作行为在决策中作用的忽视。

（四）政策过程研究的发展

政策过程前端的研究忽略了政策执行主体在冲突中的作用，因此，豪利特认为上述三种模型都不能为政策执行提供一个很好的解释（Howlett，2019）。基于此，他提出了政策过程的五源流模型

（过程源流、问题源流、政策源流、政治源流和计划源流）。其核心观点是，执行发生在关键节点和跨源流环节。其中，政策源流、问题源流和政治源流贯穿整个政策周期模型。过程源流在议程设置之后出现，而计划源流则是执行的关键。该模型有三个关键节点：第一，在政策议程中，问题源流、政治源流和政策源流在"政策之窗"的作用下暂时结合在一起，产生新的过程源流。第二，政策议程发生后，政治流从问题源流和政策源流中分离出来，成为类似于倡导联盟中的子系统参与者。参与者的想法不断流动，一直持续到政策问题和解决方案融合在一起创造出合适的配置时，出现第二个关键节点。第三，决策发生就意味着执行的出现。在这个节点上，政策源流从过程源流、政治源流和问题源流中分离出来，由参与者和利益团体组成的计划源流加入成为推动政策执行的关键。多源流模型把问题源流和政策源流视为独立的源流，并认为结合的主要任务是三个源流的链接。但是，结合也可能是为了防止政策执行中的脱钩行为，政策成功执行的前提除了有利的政治源流、问题源流和政策源流结合，强有力的政治支持是成功执行的必要不充分条件（Zahariadis，Exadaktylos，2016）。

多源流模型的应用只是涉及更广泛理论的表面（Cairney，Jones，2016），因此学者们开始研究政策企业家精神。通过分析1984年至2017年发表的229篇与政策企业家相关的文献，阿维拉姆等研究了政策企业家特征与战略之间的关系，并结合政策周期模型的不同阶段，区分出了20种不同的企业家战略，提出了政策企业家特质：建立信任、劝说、社会敏锐性（Aviram et al.，2020）。但是该研究没有说明政策企业家成功或失败的原因与政策企业家的策略和结果的关系。温克尔和莱波尔德则将政策话语分析角度与政策企业家精神相互结合（Winkel，Leipold，2016）。豪利特指出，政策执行的研究不应该把其他学科中不适用的概念生搬硬套，而是要回归到政策科学，即运用政策过程理论，重新审视政策执行中的主客体（Howlett，2019）。

二 执行过程视角

（一）政策执行模型

自政策执行的开创性研究以来（Pressman，Wildavsky，1973），后续研究者把政策执行作为政策过程中的一个环节来研究。他们强调政策过程前端环节的重要性，忽视了执行过程中的影响因素，也没有充分重视政策目标与政策执行绩效之间的关系。为了给政策结果提供一个新的解释，范米特和范霍恩提出了政策执行的分析框架，并研究了政策与执行绩效之间的关系（Van Meter，Van Horn，1975）。他们强调政策执行研究的主体地位，并提出了影响二者关系的变量以及变量间的相互关系。与上述研究思路相近，萨巴蒂尔和马兹曼尼安从既定的政策目标出发，关注影响政策执行成功的因素，并提出判定政策执行成功的标准是政策的实际结果是否符合政策目标（Sabatier，Mazmanian，1980）。

上述研究认为政策设计者是执行的关键，强调过程的规制和组织结构在政策执行中的重要性，因此被称为"自上而下"研究途径的代表（丁煌、定明捷，2010）。尽管他们提出了政策结果的影响因素，但是并没有对这些因素的重要性进行区分。基于此，萨巴蒂尔通过整合这些变量，提出了影响政策有效执行的必要条件（Sabatier，1986）。

（二）组织分析视角

政策执行模型讨论了影响政策执行的因素，但忽视了组织的作用，提出的变量既没有说明执行组织及其成员的活动，也没有详细探讨组织内外部的活动机理与政策执行之间的关系（丁煌、定明捷，2010）。埃默尔强调组织对政策执行研究的重要性，他探讨了不同组织模式对政策执行的影响，进而提出了系统管理、管理过程、组织发展和冲突交易四种模型（Elmore，1978）。现实生活中，政策执行往往涉及多个组织间的协调与合作，组织内部的研究忽略了多组织对政策执行的影响。通过将组织间关系分为联合型、序列型和互惠型三种，奥图尔等发现，当组织间关系在初始阶段或形成阶段几乎不需要协调时，执行的可能性随着参与单位数量的增加而增加，进而提出资源在组织间协调的重要性（O'Toole，Montjoy，1984）。此外，奥图尔还提出了外部环境变化对组织及组织间关系的影响，该研究强调权变理论对组织间关系的影响，并提出面对不同的政策问题应该采用不同的组织间模式来执行政策（O'Toole Jr，1993）。

（三）网络分析视角

随着政府要处理的问题越来越多，政策的执行需要政府组织以外的多组织参与，奥图尔把这看成是一种通过权力结合、交互关系和基于共同利益的联盟而形成的相互依赖的结构（O'Toole Jr，1997）。政策执行不仅需要政府自上而下的控制，而且需要不同行动者的支持，选择适当的协调机制和管理策略来推动政策执行（丁煌、定明捷，2010）。如在政府和资本合作模式（Public-Private Partnerships）下，为了某些特定群体的利益通常需要牺牲其他方利益（Edelenbos，Klijn，2009）。政策执行网络是公共服务提供的协调机制，学者们主要关注政策执行的效率和效力，以及这种网络以何种方式影响结果（Lecy et al.，2014）。戈金（Goggin，1990）

认为提高州政府的政策执行，需要考虑影响政府不同层级之间沟通的因素，进而提出了政策执行网络"沟通模型"。

（四）协同治理分析视角

协同治理分析视角主要有两个脉络：一是协同治理能够有效解决复杂的管理问题，因为它跨越了部门和行政边界，缓解了制度上的集体困境；二是协同治理为公共和私人利益发声。

第一，参与性和合作性通过影响决策过程进而影响执行过程。通过协同治理有效执行政策的五个必要条件是：技术、经济、规范、认知和结构。这些条件是相依存的，其中一个条件的变化会影响其他条件，影响合作生产有效的执行政策取决于这些条件如何组合在一起并相互调整，不同的政策领域和不同的制度背景下，会有不同的最优选择（Chaebo，Medeiros，2017）。尽管协同治理对于公共政策执行和管理有积极的效果，但是组织合作是需要时间和资源的。随着城市合作程度的提高，导致了协作的边际递减效应，即存在城市参与协同合作的最佳水平（Park et al.，2019）。城市如何从合作中获益，以实现更有效的政策产出是值得进一步研究的议题。

第二，非营利组织在政策执行中的作用。当非营利组织主导政策执行时，其特殊性会影响公共服务的分配，作为公共服务提供者的非营利组织有多种途径加强他们在政策对话中的发言权（Fyall，2016）。"倡导者—提供者"框架（Advocate-Provider Framework）把非营利组织功能纳入政策过程环境中，认为非营利组织同时体现利益集团和政策执行者的角色，不能忽略非营利组织在政策执行中的作用（Fyall，2017）。

（五）制度分析视角

奥图尔提出了政策执行的制度分析视角，网络分析通常与治理分析和制度分析相互重叠，因为无论是组织还是行动者的协调，都离不开相应的制度保障（O'Toole Jr，2000）。奥斯特罗姆则构建了制度选择的分析框架，来研究政策执行中的搭便车问题（Ostrom，1990），并进一步提出了制度分析与发展（Institutional Analysis and Development，IAD）的理论框架来分析制度规则如何影响行动者彼此间互动模式的选择及其行动结果（Ostrom，1999）。微观机构的制度特征、市级地方政府的积极参与以及与各级相关机构之间的相互协调对政策执行也至关重要（Omori，Tesorero，2020）。

基于制度性集体行动框架理论（Institutional Collective Action），法欧克等把集体行动困境分为三种：横向的、纵向的和功能性的。横向困境指有效解决问题的政府部门的管辖范围太小而无法有效解决问题；纵向困境指不同级别的政府部门追求相似或重叠的政策目标；功能性困境是由于服务、政策和资源系统的相互关联性导致的。具体来说，功能性集体行动困境是行政上相互独立的各单位之间出现了不易于协调行动的障碍，一个单位的独立决策影响了其他单位所面临的环境和激励。因此，在缺乏协调机制的情况下，独立职能部门追求能增强自身短期利益的政策可能会导致组织效率低下，从而不利于政策执行（Feiock et al.，2017）。

三　行为过程视角

（一）自由裁量权

政策执行领域还有一些研究侧重行为过程的执行行为分析。这些研究采用从后向前倒推的方法，从问题中心的个人和组织做出的选择出发，即"回溯勘察法"（Backward Mapping），也叫"反向描绘法"（Elmore，1979）。这些研究不同于执行过程的研究。执行过程视角关注既定的政策目标和结果，而行为过程视角强调政策执行主体的自由裁量权，认为个体行为的主观选择对政策执行过程有实质性影响。许多政策难题只能通过广泛的自由裁量权、地方人员的存在以及适应性的执行模式才能解决，在一开始就对所有重要的问题做出决策是不现实的（O'Toole Jr，1986）。

伯曼认为政策执行的关键是基层政策执行者，而不是中央政府官员。在一个地方系统中，政策执行的过程包括地方政策（对中央政策的回应程度）和地方组织特征的相互适应（Berman，1978）。而利普斯基（Lipsky，1971，1980）关注的是街头官僚的自由裁量权，他认为资源不足、权力的威胁和挑战以及工作期望的矛盾或不明确会影响到政策执行者的行为，并提出街头官僚拥有一定的自由裁量权并会主动运用自由裁量权对公共资源进行再分配。杰恩与波特则认为执行活动发生在一定的执行机构当中，这种执行机构产生于组织内部，通过协商一致的自我选择过程形成，发展的关键在于多种动机同时发挥作用（Hjern，Porter，1981）。更进一步，杰恩（Hjern，1982）提出政治机构将"政治"和"行政"联系起来的能力不仅取决于法律条款的变动，还取决于组织间的耦合方式，因此研究政策执行需要明确的组织间关系分析。同一组织内来自不同部门或是相关组织中的人员之间达成妥协对于政策执行也很重要，政策执行者对政策环境的理解与政策制定者不同，因此政策可能会被执行者调整。

自由裁量权问题一直是自上而下和自下而上研究途径争论的热点。前者认为自由裁量权是一个控制问题，应该避免自由裁量权，因为这可能会导致政策没有按照预期执行；相反，后者认为自由裁量权可以帮助政策执行者根据具体情况来调整政策更好地完成既定的政策目标。可感知的自由裁量权是政策成功执行的必要不充分条件，政策执行者需要根据当地情况调整政策，以便有动力执行政策，但执行人员只有参与和影响公共政策的能力是不够的，成功的政策执行还需要执行者认为这项政策对社会和公民有意义（Thomann et al.，2018）。

（二）执行行为转换

马特兰德从政策特征入手建立了"模糊—冲突"矩阵模型（Matland，1995）。根据政策的模糊性和冲突性的不同程度，政策执行主体可以选择行政性执行、政治性执行、试验性执行、象征性执行四种模式。从自上而下的研究途径来看，政策执行失败大多归因于政策设计有误、计划偏差或者沟通障碍等；自下而上的研究途径则认为政策执行的失败是由于基层管理的自由裁量权，政策具体执行者对实际情况的了解更深入，能够了解工作量的多少和资源的多寡，因此会采取最利己的政策执行方法。

政策执行的"采用/变通"执行过程模型认为政策执行是一个多动态、多层次的过程，包括监管者和被监管者之间的行动和博弈。政策执行过程会经历四段不同的波动：最初的影响、回应、恢复和稳定，每一次波动会带来新类型的制度化工作。政策执行并不是一个单向的过程，而是一个双向的行动和反行动的过程，政策执行在不断博弈中向前推进，直到达成解决方案（Pemer，Skjolsvik，2018）。地方组织文化、工作涉及内容、员工目标和激励会导致政策执行中存在差异，国家政策指导方针不一样会改变地方的做法，地方负责执行政策的行政机构不同加剧了这种差异（Davis et al.，2016）。

（三）科层制下的执行

街头官僚在政策执行的过程中拥有自由裁量权，即使是面对相同的法律法规时，他们也会调整他们的行为以适应当地的规范和价值观。通过比较美国不同州之间在目标管理水平上的差异，科根发现这种响应能力并不依赖于行政集中化，中央集权本身并不能保证一致性和公平性（Kogan，2017），执行偏差的根源在于科层制本身。

尽管法律或政策设计并没有表明移民本身在福利政策中处于不利地位，但是一线工作者更偏向给予当地人更多的机会申请福利，即前线的决策会受到社会建设的影响，针对目标群体的不平等待遇往往是基于种族的（Thomann，Rapp，2018）。还有学者研究代表性官僚制公共行政人员的个人特征对政策执行的影响，如种族和民族背景等（Brunjes，Kellough，2018）、代表性官僚制本身对政策执行的影响（Gravier，Roth，2020）、政策的前馈效应与制度化偏见（Liang，2018）、家长式控制下的环境政策执行（Teodoro et al.，2018）、环境联邦主义下的《清洁水法案》执行（Haider，Teodoro，2021）等。

综上，对政策过程的研究从政策本身出发，关注整个政策过程。对执行过程和行为过程的研究则关注政策执行的影响因素。所不同的是，行为过程研究更加侧重从政策执行主体来研究影响因素，而执行过程研究则依赖组织和网络等来体现影响因素。行为过程视角的研究单位是组织中的人，不同于经济学中理性人的假设，研究政策执行问题需要基于"理性逐利人"的假设来对政策执行主体进行分析（丁煌，2003）。

第三节　政策执行的三种分析模式

研究中国的政策执行，不能单纯地套用西方的理论和背景，我们的文化历史完全不同，大陆文化的政治和岛国文化的政治也不一样（钱穆，2012）。对政策过程的研究也不能忽视法治、责任和文官的作用等问题（Hill，Hupe，2002）。中国古代通过"伦"把所有的人连接在一起，通过"克己复礼"把道德范围依据需要而推广或缩小，这与西方所强调的宪法观念中团体不能抹杀个人权利是不同的（费孝通，2006）。西方的政策研究聚焦于政策形成过程，因为利益团体的博弈贯穿于整个政策过程，而在中国的文化背景下，政策执行受到更多、更复杂因素的制约影响（陈家建等，2013）。换言之，政策执行研究需要有其特定的社会文化背景。

相比于国外政策执行的研究，中国政策执行的研究最明显的特征是强调中国情境对公共政策执行的影响，继而以中国传统文化为切入点，研究中国政策执行过程的运作机理。根据吴少微和杨忠（2017）的观点，中国情境下的政策执行研究有两种类型：一是"压力型体制"（荣敬本等，1998）。这一视角认为下级政府会采取"层层加码"的方式来全力完成上级政府的某些重要任务。压力型体制一方面依赖于政治力量的高位推动促进政策执行；另一方面自上而下的层层推动可能使政策的执行低效运作和流于形式（王亚华，2013）。二是"集体主义文化"。该视角强调中国文化与社会背景中的集体主义属性。中国管理的集体特征表现在政策执行主体和政策目标群体两个方面。政策执行主体的集体式决策强调集体成员间的平等性和凝聚性（吴少微、杨忠，2017）；而政策目标群体的"差序格局"则强调私人联系所构成的网络的重要性（费孝通，2006）。

上述研究显示出中国情境下政策执行的多样性，强调除正式关系模式外，非正式关系模式所具有的重要性。研究方法上多采用田野调查研究和案例研究。其不足之处在于前者没有考虑在哪种情况下，压力型体制有利于提升政策执行效果；后者则只适用于纵向冲突较弱的政策。

一 理性行为体模式

理性行为体模式认为政府政策执行行为是单一行为体理性选择的结果（艾利森、泽利科，2015）。只要有正确的激励，地方政府就会选择行动路线和方针，实现既定政策目标。该领域包括政治激励、晋升激励和财政激励研究。第一，政治激励研究（任丙强，2018）。其关心的问题是地方政府为什么关注非制度化的任务形式？为什么倾向于把上级任务"层层加码"？为什么把政治目标看得比实际情况更重要？这一主题涉及的范围较广且影响深远。运动式治理机制认为这是中国一统体制下中央集权与地方有效治理矛盾间的产物（周雪光，2017）。政治激励需要发动群众的力量，因此实现政治激励的关键核心在于动员群众。第二，晋升激励研究。其研究问题是地方政府官员常常面临多种激励，那么多激励是如何影响地方政府行为的？具体研究领域包括"晋升锦标赛"研究（周黎安，2007）、"正式激励与非正式激励"分析（唐啸等，2016）等。第三，财政激励研究。其强调财政分权的激励对政策执行的影响。实证研究表明，地方政府对于可以增加地方政府可支配财力的政策更有执行动力，财政分权程度提高了排污费政策执行力（郑石明等，2015）。

理性行为体模式下，政策有效执行的关键是激励，正如有学者所指出的，"要把政府官员的激励搞对"（周黎安，2007）。在此基础上，该领域研究强调如何通过正确的激励来提高地方政策执行者对政策的理解和认知，包括对政策执行者进行教育、加强监督和制度设计等（冉冉，2015b）。研究方法除经济学的计量模型外，也有田野调查研究与访谈研究。其贡献在于提出了一系列影响政策执行的分析框架和模型，解释范围广。其不足之处在于没有分析在统一的激励机制下，地方政府的注意力分配是如何影响政策执行的，忽视了政策执行主体的主观能动性。

二　组织行为模式

组织行为模式认为政府政策执行行为是地方政府协调的组织输出（艾利森、泽利科，2015），并受限于组织资源，强调资源的多寡对政策执行的影响。该领域研究认为，公共政策是政府权威地分配社会资源和利益的计划，政策执行就是政府动用各种资源并采取手段保证公共政策的有效执行（丁煌，2002b），继而在资源稀缺性和理性逐利人假设的基础上研究政策执行问题（丁煌，2003）。在这一假设下，发展出了三个研究方向：政策资源研究、政策执行载体资源研究和政策执行主体资源研究。

第一，政策资源研究包括保证政策有效执行的人、财、物和信息等必要的管理资源（周国雄，2007）。只有良好的政策资源支持，才能确保公共政策的运作和执行（黄庆杰、占绍文，2003）。政策制定者会根据执行过程中耗费总资源的多少，来选择是否允许政策执行过程中的变通行为（庄垂生，2000）。第二，政策执行载体资源研究认为：一方面，中央政府可以显著影响地方政府的行为，因为其拥有强大的行政能力和资源使政策执行趋于程序化，进而产生可预期的政策结果（唐啸、陈维维，2017），如只有中央政府给予地方环保部门充足的人力和财力等关键资源，才能使环保部门正常履责，来提升中国环境政策执行效果（Jahiel，1997）；对于冲突性和模糊性都很低的公共政策，只要给予充分的资源，就能确保政策的执行效果（冉冉，2014）。另一方面，政策执行是各层级政府竞争有形资源和无形资源的过程，而"目标责任制"为这种竞争提供了机制（王汉生、王一鸽，2009），面对中央政府的有关规定，行政力量较强的地方政府有更多资源进行响应，他们通过调配自身资源来提高政策执行效果（孙伟增等，2014）。第三，政策执行主体资源研究强调政策的有效执行必须借助充足的执行资源，政策贯彻执行的关键在于执行者能够获取资源的多少（丁煌、定明捷，2004）。地方政府在资源有限的情况下，会选择以最低的资源消耗实现组织既定的最低目标，这导致政策执行过程中差异化的达标行为（彭云等，2020）；利益和资源的划分是公共政策的本质，利益受损会影响公共政策的有效执行，这是因为政策执行主体在执行政策时会进行成本收益分析（钱再见、金太军，2002）。

组织行为模式下，政策有效执行的关键是政策执行主体获取有效资源的多少（王学杰，2008），地方政府在面临严重的资源限制下，会选择理性的资源配置方式来执行公共政策（韩志明，2008）。这一领域的研究强调资源在公共政策执行中的作用，认为通过理想的资源分配或者资源获取就能够拥有良好的政策执行效果。研究方法采用描述性研究和案例研究。其不足之处是忽略了政策本身和政策执行主体之间的矛盾，政策执行是受到地方政府决策偏好影响的。

三　政府政治模式

政府政治模式认为政府政策执行行为并不是组织的输出，而是讨价还价的博弈的结果，政治中相互讨价还价决定着地方政府政策执行行为（艾利森、泽利科，2015）。政策执行是由政策背后的各种利益决定的，政策执行需要正确认识和处理好不同利益间的冲突和矛盾（丁煌，2004）。在这一领域内，发展出两个研究方向：中央政府与地方政府利益博弈研究和利益相关者博弈研究（不同职能部门间博弈）。央地利益博弈研究强调分权下的利益博弈过程，如

"共谋现象"的产生是因为基层政府间形成了强大的利益共同体，而这与政府内部的考核机制息息相关（周雪光，2008）、代理方和委托方为了自己的利益进行上下级谈判（周雪光、练宏，2011）、政府内不一样的"控制权"分配方式会产生不同治理模式（周雪光、练宏，2012）、"行政发包制"下地方政府拥有自由裁量权（周黎安，2014）等。与之相比，利益相关者博弈研究关注不同职能部门间的互动过程。政策的多属性往往涉及多个不同部门的利益，公共政策的执行需要多个职能部门的共同参与和合作（贺东航、孔繁斌，2011）。各地区不同利益主体相互博弈，对中央政策进行修改和变通处理，在不违背基本原则的情况下执行政策（林梅，2003）。

政府政治模式下，虽然两种研究侧重点不同，但都强调如何解决利益冲突来保证政策的有效执行。这一领域的研究方法主要是案例研究。其贡献是反对盲目运用西方理论，强调政策执行要考虑中国的政治体制与实际情况。认为在中国央地关系和党政机构职能配置下，政策执行的关键不在于政府间关系，而是取决于"上级党委"的高位推动，实现共同利益的契合。其不足之处是偏向单案例研究，认为政策执行主体的行为是受利益驱动的，缺乏对真实世界执行主体行为的把握，认为通过一个理想的利益平衡点就能够拥有好的政策执行，过于强调利益博弈而不是政策执行主体的选择。

第四节 研究改进方向

一 对现有研究的评述

（一）政策过程视角

该视角的优点在于从政策本身探讨政策执行并指出了政策过程

的复杂性。比如政策周期学者把政策执行作为议程设定、政策形成、决策、政策执行和政策评估五大环节中的一环（Howlett，2009，2019），多源流模型、倡导联盟框架和五源流模型等关注政策过程的某一阶段。上述研究从政策本身来探讨政策过程对政策执行的影响，充分认识到了政策执行过程中不同主客体的作用。

上述研究的不足表现在两个方面：首先，关注政策对执行的单向影响且不同阶段之间模糊难以区分。政策过程的研究从政策本身出发关注政策过程的前半段，忽视了执行过程对政策过程的反作用，即政策执行者的政策执行过程也可能会反过来影响政策过程。换言之，政策过程和执行过程是一个互为影响的过程。政策执行的研究不应该聚焦于政策规划的系统性研究，而是要重视政策的实际执行（Hill，Hupe，2002）。

其次，政策执行载体和执行主体仍然是一个"黑箱"。政策的执行需要一定的组织载体和执行主体。组织影响着政策执行主体的行为选择。如果单纯关注政策过程而不关注执行过程中的组织关系，将难以理解和解释执行者的执行行为。萨巴蒂尔（Sabatier，1988）等人提出了不同联盟对政策执行的影响，但是缺乏对组织间和组织内合作的关注。因此，影响政策执行的因素仍然是一个"黑箱"，它没有解释政策执行成功或失败的运作逻辑。阐释性研究则缺乏衡量政策成功与否的客观标准，对政策执行的理解取决于不同的隐喻和解释，无法提供切实有效的政策建议（丁煌、定明捷，2010）。

（二）执行过程视角

该视角的优点表现在以下两个方面：首先，政策执行模型细化和推进了影响政策执行变量的研究。如"政策执行过程模型"

（Van Meter，Van Horn，1975）、"政策执行过程影响因素流程模型"（Sabatier，Mazmanian，1980），也有学者从组织（Elmore，1978）、网络（O'Toole Jr，1997）和制度（O'Toole Jr，2000）等方面进行研究。比如，范米特和范霍恩不再把政策执行看作政策过程的一部分，通过研究政策目标与执行绩效之间的关系，打开了影响政策执行的"黑箱"。萨巴蒂尔更进一步通过建立"执行过程影响因素"的分析框架，认为问题本身的难易程度、政策条文对政策执行的影响能力和影响政策执行的非政策因素三个维度会影响政策执行，并进一步提出了关键变量。

其次，这些模型尽管涉及的变量很多，但是无法解释真实世界中政治和制度因素对政策执行的影响。政策执行的研究不能忽略政治传统和政治体制的重要性（Kettl，2000）。基于此，埃默尔和奥图尔等从组织内到组织间、再到网络治理和制度领域提出了一系列可检验的命题推论来研究政策执行。这些研究大部分都遵循了实证主义的研究路径，从各方面来解释政策执行，推进了后续的研究和政策建议。

但是，执行过程视角忽略了不同情境下的政策执行载体对执行主体的作用。现实生活中，政策执行主体作为组织中的一部分，他们的选择会随着组织环境的变化而变化。然而，当前从组织注意力视角研究政策执行的成果较少，这可能是不仅因为注意力的测量困难，而且与当前研究把组织注意力看作工商管理领域的研究议题有关。

（三）行为过程视角

该视角的优点是强调政策执行主体的主观能动性。无论是任务属性与治理模式的匹配（Berman，1978），还是街头官僚主义研究

（Lipsky，1971），都强调基层政策执行主体的作用。与执行过程视角关注组织结构和政治制度对政策执行的研究不同，对政策执行主体动机及其行为的分析能够帮助我们更好地理解政策执行的过程。如政策的模糊性和政策的冲突性高低的不同组合会影响政策执行者的执行行为（Matland，1995）。

行为过程视角的不足体现在两个方面：首先，研究不仅忽视了组织决策对政策主体执行行为的影响，只关注执行者所拥有的自由裁量权，而且也缺乏明确的理论来解释执行者的行为。此外，没有说明自由裁量权在什么情况下有利于政策执行？在什么情况下有可能导致权力分散从而影响政策执行？换言之，如何确定自由裁量权与组织互动的作用边界，使基层政策执行者既能够有完成任务的积极性，又不会随意使用权力造成权力滥用？

其次，缺乏对政策执行成功与否的衡量。执行过程视角的研究把既定的目标作为研究的出发点，强调政策目标的实现程度。行为过程视角的研究则将政策执行主体看作政策执行的关键因素，认为政策目标可以是模糊甚至是冲突的。政策执行者由于自己所处的基层位置，只能考虑到具体的问题，有时并不能从全局的利益出发思考和决策。如何定义有效执行就显得至关重要。政策本身发生变化会影响到政策的执行，而且静态模型的研究可能很难推广到现实的政治生活中。

二　本书切入点

组织注意力的相关理论认为，管理就是决策，而决策的关键就是决策者如何有效配置其有限的注意力（Ocasio，2011；Simon，1947）。由于注意力的稀缺性，在面对上级任务的决策过程中，受注意力资源的限制，决策者不可能关注到所有的信息，如何最优化分配组织有限的注意力资源是注意力研究的重要课题（Stevens et al.，2015）。注意力基础观认为，地方政府决策者将注意力聚焦在哪项议题和解决方案上决定着地方政府的行为（Ocasio，1997）。面对纷繁复杂的信息，决策者更倾向于找到"满意"标准，而不是"最优"标准，决策在公共管理研究中很重要（Isett et al.，2016）。在公共管理与政策执行领域，注意力分配是理解政府行为的一个重要视角，而激励机制、制度结构、政策本身和官员特征是当前四类主要的解释变量（张程，2020）。关于注意力本身是如何影响政策执行的研究较少。

　　注意力理论研究的核心问题是决策者如何做出正确决策。具体而言，决策者通过有选择地关注有关信息，有效地配置其有限注意力，提高信息处理能力，从而做出最终决策（吴建祖、曾宪聚，2010）。从政策过程视角来看，决策是政策周期模型中的一部分，先前关于注意力对政策执行的影响从决策的角度出发进行研究。执行过程视角忽视了组织的注意力分配对政策执行主体的影响，注意力配置是政策执行主体的个人行为，但政策执行主体总是处于一定的组织环境中，他们的行为受到所在组织的影响。从行为过程视角来看，无论是政策执行主体的自由裁量权还是执行主体的主动选择行为，都受到组织注意力分配的影响。地方政府的行为不只受到外部激励的影响，还会受到注意力分配的影响，注意力的戴帽竞争会影响政府行为，党委政府领导者的注意力对组织决策起关键作用（练宏，2016）。通过对政策过程、执行过程和行为过程的整合，本书提出从注意力的视角来研究中国情境下的政策执行。

　　通过融合决策与执行，引入时间维度，薛澜和赵静提出"决策删减—执行协商"模型，该模型的两个核心要素是快速决策和灵活执行（Xue，Zhao，2020）。公共管理决策中的认知偏差主要是由可获得性、损失厌恶和过度自信或乐观导致的，由于个体的有限理性或认知缺陷（如注意力有限、信息不完整、认知能力有限、不能实现完全的自我控制等），会做出一些错误的决定（Battaglio et al.，2019）。

三　本书试图填补的缺口

本书认为理性行为体模式、组织行为模式和政府政治模式三种分析模式是相互补充的，而注意力为我们理解政府政策执行和政府决策提供了新的视角。政策有效执行的关键是地方政府如何有效决策。尤其是在中国的情境下，无论哪个行动者的参与都受地方政府注意力影响。政府的注意力基础观理论阐述了中国政治体制如何驱使不同行动者进行注意力分配。首先，在企业的注意力基础观研究基础上，本书提出了政府注意力焦点、政府注意力情境和政府注意力分配三个彼此相关的原则，奠定了基于注意力的政府政策执行的理论基础。

其次，政策过程视角的研究聚焦于政策执行的前半段，政府的注意力基础观以注意力这一核心概念为基础，将各种影响政府决策的因素融合在一起，有助于解释政府是如何及时调整组织注意力分配来适应环境变化的。执行过程视角的研究关注不同组织间的关系，政府的注意力基础观建立了基于注意力视角的政策执行模型，强调了沟通和协调渠道以及不同组织间合作对政策执行主体注意力的作用。行为过程视角的研究聚焦于政策执行主体的自由裁量权和主动选择行为，政府的注意力基础观基于有限理性人的假设，重点研究政策执行主体做出的政策执行决策取决于自己所处组织注意力焦点集中在哪里。

最后，政策执行行为不仅涉及政策本身和政策执行载体的互动，还涉及政策执行主体。由于简单的执行原则没法适用于所有具体环境，因此政策执行的研究要把更大范围参与的行动者加入研究中。根据政策环境、制度环境和微观环境的不同特征，地方政府会根据实际环境选择借助于权威、交易或说服的方式来执行公共政策，即执行情境决定了治理模式的多种选择性（Hill，Hupe，2002）。

第三章　政府的注意力基础观

注意力视角可以帮助我们理解政府决策和政府政策执行。但是，当前关于注意力本身是如何影响政策执行的研究较少。本章在企业的注意力基础观研究的基础上（Ocasio，1997，2011），提出政府的注意力基础观理论，系统论证政府注意力在政策执行中的独特内涵、价值和意义。首先，根据研究视角和企业的注意力基础观模型，说明注意力基础观在公共管理领域的适用性和可行性。其次，阐述了公共政策执行中注意力研究的逻辑基础，这主要包括注意力的概念界定、结构特点，并对地方政府注意力问题研究的一些前提问题进行理论探讨，为后面的实证分析奠定研究基础。最后，通过揭示和刻画政府内部的决策过程，提出政府的注意力基础观注意力焦点、注意力情境和注意力分配三个基本原则，并提出注意力与政府行为模型。

第一节　政策执行的认知视角

一　行为公共管理

行为公共管理的研究从微观层面研究个体或群体的行为与态

度。该定义由三个元素构成：其一，分析单位是公共部门中的个体或者公民、政府雇员、公共管理者组成的群体；其二，研究人的行为与态度；其三，将心理学以及行为科学的观点融入公共管理研究中（Grimmelikhuijsen et al.，2017）。

大多数政策执行的研究是通过公共政策本身的视角来构建理论，相对较少关注其他相关专业领域（O'Toole，2017）。公共管理决策中的认知偏差主要有以下主题：公共人事管理中的损失厌恶和晕轮效应、公共政策中的损失厌恶、消极性、群体思维、轻推理论、公共政策中的羊群行为、多重认知偏差、有限理性和行为公共管理（Battaglio et al.，2019）。认知偏差主要是由可获得性、损失厌恶和过度自信或乐观导致的，因此"助推"和"选择架构"是解决认知陷阱的有效途径。由于个体的有限理性或认知缺陷（如注意力有限、信息不完整、认知能力有限、不能实现完全的自我控制等），会做出一些错误的决定，因此个人需要政府的帮助来做出正确的决策，即政府基于一种家长主义的姿态和伦理，以选择框架设计为核心，以"自由选择权"为权力限制，对个人的行为进行助推式干预，才能更好地执行政策（Thaler，Sunstein，2009）。"助推"是"命令与控制型规制"和"经济激励型规制"的一种监管改革创新方案（孙志建，2018）。

二　注意力基础观

地方政府注意力是指在与政策执行相关的众多议题及其解决方案中，占据地方决策者意识的一个或几个议题和方案。地方政府注意力配置则指地方政府决策者把自己有限的信息处理能力配置到与政策执行相关的议题和方案的过程，包括对议题和方案的关注、编码、解释和聚焦（Ocasio，1997）。地方政府注意力对政策执行的

影响可以看作一个三步信息处理过程，即注意、解释和行动（Oca-
sio，1997；Stevens et al.，2015）。首先，地方政府决策者有选择地
关注与筛选一些与政策执行有关的信息；其次，地方政府决策者解
释所筛选的信息，并赋予它们一定的意义；最后，地方政府决策者
在这些被赋予意义的信息的直接影响下做出政策执行。一般而言，
地方政府决策者往往会将注意力配置在他们认为重要的信息上，如
有研究发现："行政发包制"使地方政府拥有很大的自由裁量权
（周黎安，2014），经济发展议题获得了各级地方政府注意力的优先
分配，以经济建设为中心的注意力使下级政府展开了激烈的经济发
展竞赛促进了中国经济的发展（陶鹏、初春，2020）。从这个意义
上讲，地方政府的政策执行实际上是经过地方政府决策者选择过滤
和筛选形成的，地方政府决策者在一定程度上是充当了地方政府信
息"过滤器"的角色，通过影响地方政府的政策执行行为来影响政
策执行力。

第一，从注意力焦点原则的视角出发，注意力焦点可以使组织
更好地将认知资源转换成物质资源，有利于打破组织在战略变革问
题上"光说不练"，难以落地的困境（吴建祖、龚敏，2018）；当
地方政府面临复杂的信息以及模糊的、相互冲突的多元价值目标时，
地方政府决策者如何有效地配置其有限的注意力，关注对问题解决起
到重要作用的议题，是政策执行成败的关键（李宇环，2016）。第
二，基于注意力情境原则的视角，有研究发现政治周期的变化调整
是注意力基本情境的变化，而注意力情境的变化影响着地方政府注
意力的焦点，且注意力的焦点存在"间断—平衡"现象（陶鹏、
初春，2020）；现实中存在的"光说不练"的现象是因为只有注意
力焦点是不够的，有效的战略执行还需要考虑与战略议题和解决方
案相关的情境因素，即注意力的情境原则（吴建祖等，2016）。第

三，从注意力配置和中国府际关系的角度展开的研究表明，在央地结构的多重委托关系中，地方政府的环境注意力往往会影响到环境政策执行，尤其是党委的注意力聚焦时更有利于环境政策的执行（练宏，2016）。当然，地方政府的注意力分配也和激励模式有密切关联，强激励塑造了绩效易测任务注意力对不易测任务注意力的争夺，并强化了这一争夺效应（赖诗攀，2020）。

政策执行并不是单一过程，不仅涉及政策本身和政策执行载体的互动，还涉及政策执行主体。已有研究所揭示的政策执行成功的定义、自上而下与自下而上的争论和政策过程模型与其他学科理论模型的借用，为我们的研究提供了基础。由于简单的执行原则没法适用于所有具体环境，因此，有学者提出了"治理"的概念。我们并不否认"治理"在政策执行研究中的重要性，本书只是提出了一个研究视角：认知角度。政策执行是一个注意力分配的问题，尤其是在中国的情境下，无论哪个行动者的参与都受地方政府注意力影响。政府的注意力基础观理论进一步阐述了中国政府体制如何驱使不同行动者进行注意力分配。

第二节　定义与特征

注意力概念与组织学的企业理论有密切关联。经济学的组织理论从逻辑上推论组织如何设计运作，是基于理性人的假设；而组织学的企业理论则区分了有限理性。本书遵循西蒙和"卡内基—梅隆"学派的观点，认为组织是有限理性的（Simon，1947）。对于有限理性的决策者而言，处理信息的能力是稀缺资源，决策的关键是决策者如何分配其有限的注意力（Ocasio，1997，2011）。

一 定义

奥卡西欧提出的注意力基础观（Ocasio，1997）将注意力配置定义为决策者将自己时间和精力用来关注、编码、解释并聚焦于组织的议题和答案两个方面的过程。企业的注意力基础观认为，要理解决策者的决策行为，需要同时考虑决策者的个人特征、决策者所处的组织环境以及决策者对组织环境的理解三个方面（吴建祖、毕玉胜，2013）。在此基础上，他提出注意力焦点、注意力情境化和注意力结构化配置的三个原则，并认为解释组织行为就是解释组织及其结构如何引导和分配决策者的注意力。

政府治理领域和政府组织的研究不能简单复制组织学关于企业管理决策的分析框架，主要原因如下：第一，组织结构。在行政组织领域，政府组织不能复制企业的利润最大化假设。第二，府际关系。政府和企业内部沟通协调渠道完全不同。第三，生产机制。虽然政府的注意力问题同企业的注意力问题一样重要，但两者注意力的来源不同，压力型体制下的政府注意力来源可能是被动的。

陶鹏把企业的注意力基础观研究经过一定的转换和发展引入政府治理领域，提出了政治注意力研究的基础观（陶鹏，2019），与奥卡西欧的注意力基础观相对应，也和传统的政策变迁的政治注意力相区别，并指出注意力的研究要回归注意力基础观，在中国的政治与行政环境下开展本土化学理探索。为了全面把握政府的注意力基础观的内涵，本章将政府的注意力基础观与企业的注意力基础观做了一个对比。借鉴周黎安（2014）的思路，本章从行政权的分配、激励理论和内部考核与控制三个方面进行区分。

首先，在行政权的分配上，政府的注意力基础观有以下两个特点：第一，在中国的府际关系下，下管一级的干部管理体制不同于企业的雇佣制，这导致的结果就是政府官员对他们的直接领导负责，并且提升了上级领导迫使下属执行不合实际的政策的能力（杨帆、王诗宗，2015）。第二，行政发包制使地方政府拥有自由裁量权，地方政府的再决策是政策执行的关键。所有的中央政策都要通过县、乡政府来执行，这些层级的管理机构干部决定了政策执行的成功与否。

其次，从激励理论来看，不同于企业的强激励，政府注意力总体上表现为强弱激励并存。具体来说，政治激励是强激励。一方面，人事制度中的晋升锦标赛将地方政府官员置于强激励之下，地方政府有很强的动力去执行那些容易测度的指标（周黎安，2007）。另一方面，财政制度中的财政分成比例。分税制改革使中央政府加大了财权上收的力度，但并没有改变中央和地方的事权划分格局，这使巨大财力缺口出现在地方政府财政收入和财政支出之间（周飞舟，2006）。地方政府对"排污费"等可以归入本级财政的公共政策的积极性可能会更高（郑石明等，2015）。经济激励则是弱激励，公务员采用固定的薪酬和福利，只要不犯错误就不会被开除。

最后，在内部考核与控制方面，与强调结果导向的企业的注意力基础观相比，政府的很多任务是不可量化的。在行政发包制的背景下，属地管理下的"谁管理谁负责"使地方政府拥有很大的自由裁量权。地方政府会根据议题优先性进行选择，即对注意力进行排序，上级政府则通过不同的方式来吸引下级政府的注意力，并根据文件来检查下级政府政策执行结果。在府际结构下的层级关系中，注意力传递存在损耗（黄冬娅，2020）。

二　特征

政府的注意力基础观是理解中国地方政府行为的一种理想概念

框架，其可能不会与中国的现实精确对应，而且中国的治理模式也是在不断发生变化的。接下来，本章从注意力来源、注意力配置和注意力质量三个方面来详细介绍政府注意力的基本特征。

注意力来源多样性/复杂性。注意力来源是指影响获取决策者意识的刺激因素。在对上负责和对下自由裁量行政权分配的背景下，地方政府面临两种相互竞争的力量（Huang，Kim，2020）。自上而下理论认为，党管干部原则客观上保证了下级政府会坚定不移地执行上级政府的政策，上级政府通过政策压力吸引下级政府注意力，如注意力强化（孙雨，2019）；自下而上理论认为，20 世纪 80年代以来的地方分权使地方政府的自由裁量权不断扩大，地方政府决策者会从实际情况出发执行政策，这是自下而上压力产生的注意力，如邻避事件吸引领导注意力（李宇环，2016）。

然而，在现实情境中，自上而下的压力和自下而上的压力是同时存在的。当两种压力并存时，如果此项公共政策涉及层级冲突和参与部门权责不清时，自上而下的遵从压力是注意力的主要驱动力；当政策不涉及此类冲突或单部门执行时，基于地区实际情况的动机和自下而上的压力推动了注意力的产生（Huang，Kim，2020）。与此同时，当组织面临多重、复杂和冲突的环境压力而决策又刻不容缓时，决策者对未来环境做出合理判断的注意力有限，模仿就成了一种合理的行为（周雪光，2003）。

注意力配置被动性。注意力配置指决策者把注意力配置给不同的刺激因素的过程。在强弱激励并存的激励背景下，注意力配置受到正式制度压力和非正式制度压力的影响。正式制度是指通过一系列规章制度来吸引注意力，如环保督察（庄玉乙、胡蓉，2020）、环保约谈（吴建祖、王蓉娟，2019）制度等；非正式制度则是指上级政府各种各样的专项整治运动，目的是使下级政府注意力和上级政府注意力保持一致。

注意力质量不稳定性。注意力质量是指注意力导致结果的有效与否。政府的职责是多维度和多任务的，注意力质量受到中国文化情境的影响，即压力型体制和集体主义文化（吴少微、杨忠，2017）。一方面，政策有效执行依赖于压力型体制下上级政府的压力。另一方面，压力型体制可能造成问题的恶化。由于府际关系的约束和上级政府重视的政治影响力，使下级政府不得不重视相关议题，但这也导致了真重视和假重视的问题，即注意力配置的过程影响了注意力质量，压力型体制塑造了注意力质量的不稳定性。

集体主义文化中纵向层级强调共同理想和横向层级强调集体决策（吴少微、杨忠，2017）。地方政府在分配注意力资源对焦点事件进行信息搜集、识别和判断时，往往容易形成政策不作为的两套逻辑。一方面，被动的不作为是因为治理问题复杂和政府领导有限理性导致的事实模糊；另一方面，主动的不作为是虽然政府领导获取了真实有效的信息，但是政府领导对价值/风险的考量超越了基于事实的理性判断（武晗、王国华，2021）。政策执行过程中由于技术严苛和制度要求可能会出现执行走偏现象，导致各种非预期后果（周飞舟，2019），出现目标替换的情况。

自上而下和自下而上的注意力来源、正式制度压力和非正式制度压力吸引下级注意力与上级注意力配置保持一致、以目标导向的压力型体制和集体主义文化影响注意力质量稳定性，这三个方面构成政府的注意力基础观的基本特征。这是与政治制度安排下的行政权分配、财政制度和人事制度下的强弱激励并存，以及多任务背景下的行政发包制相互依存的。注意力来源多样性/复杂性、配置被动性和质量不稳定性三者相互联系，是政府的注意力基础观的核心内涵。

第三节 理论模型

一 基本原则

关于地方政府政策执行行为的特征和机制，现有研究已经提出政治势能（贺东航、孔繁斌，2019，2020）、多层级多属性治理（贺东航、孔繁斌，2011）等概念。政府的注意力基础观通过政策框架、沟通和协调渠道以及注意力分配等要素，把决策、政策执行主体和他们所处的组织结合起来。解释公共政策执行就是解释组织的注意力分配如何影响政策执行主体的行为。注意力基础观基于焦点、情境和分配三个相互关联的基本原则（Ocasio，1997）。

一是注意力的焦点原则。决策者决策的关键在于哪些议题被他们聚焦注意力。首先，决策者有选择地处理议题和答案；其次，政策执行主体的行为取决于他们所在的组织注意力集中在哪些目标上。在中国情境下，地方政府面临经济发展、社会治理、地区稳定和环境保护等多种议题。政府公共政策执行行为的关键在于决策者关注到相关议题，关注有以下两种注意力来源：第一，自动注意情况下的行为是高度常规化和习惯性的，决策是由自动关注到的环境刺激无弹性触发的，如经验丰富的领导在处理突发事件时更加游刃有余；第二，在可控制注意的影响下，决策者的行动是由他们注意到的议题和答案触发的，如地方政府行为取决于地方政府领导关注什么议题。

二是注意力的情境原则。组织所处的情境和环境会影响政策执行主体关注的目标以及如何决策。根据这一原则，个体决策者的注意力焦点是由他们所面对的情境特征触发的。情境特征对注意力—行为一致性的影响大于个体特征，这会影响决策者的个人行为，使他们因时、因地制宜更改注意力焦点。就特定环境来说，在集体林权制度改革政策执行过程中，经济发达地区可能会把"林区和谐"作为集体林权制度改革的首要目标，而经济相对不发达地区则可能会把"农民增收"放在第一位（贺东航、孔繁斌，2011）。就背景来说，当中央掀起环保风暴的时候，地方政府会更关注与环境有关的硬性指标。

三是注意力的分配原则。政策执行主体如何理解自己所处的特定环境和背景，取决于当地文化传统、可调动资源、社会关系对政策议题的影响以及组织注意力在特定的沟通和协调中渠道的分配。首先，历史文化传统的研究可以追溯到社会资本的研究，即使是同样的国家，南北地区的历史文化差异也会影响制度改革的绩效差异（帕特南等，2001）；其次，可调动资源主要指地方政府的可支配人力、财力和物力；再次，社会关系是指非正式关系的使用，干部异地交流制度会影响社会关系；最后，沟通和协调中渠道的分配指组织的行动和决策是一个复杂的过程，重大决策在"条块管理"的体制下，高层目标和任务追求的是整体利益，但地方政府代表的是区域局部的利益，因此地方政府会在高层目标和地区利益之间权衡选择，做出合适的决策。

二　概念框架

图 3-1 是注意力与政府行为模型。实线编号是与注意力焦点（5b、5c）、注意力情境（1a、2、3 和 5a）和注意力分配（4a、4b、4c 和 5d）三个原则相关的、影响政府行为的因素和机制；虚线编号是辅助的影响因素和机制（1b、1c 和 6）。

（一）决策环境

决策环境指影响决策活动的组织内外部因素，主要包括三个方

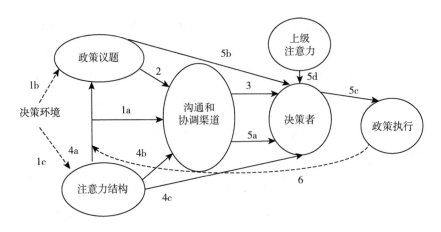

图 3 - 1 注意力与政府行为模型

资料来源: 修改自 Ocasio(1997)。

面: 动机要素、激励要素和信息要素(唐啸、陈维维, 2017)。动机要素是指地方政府所开展的行为的初始偏好, 地方政府动机受到倡导联盟框架中不同联盟信念的影响(Sabatier, 1988); 激励要素指上级政府在政治、经济等方面对下级政府的显性干预, 包括政治激励和财政激励(唐啸等, 2016)等; 信息要素指有价值的内容, 即下级政府获取信息的有效性和真实性(唐啸、陈维维, 2017)。各级政府以及各级职能部门间的不同动机下的决策环境都会影响具体的沟通协调渠道(机制 1a)。政策议题是与激励要素息息相关的(机制 1b)。信息要素则嵌入科层制并直接影响组织的注意力结构(机制 1c)。

(二)政策议题

政策议题是指政府亟待解决的关键问题, 而答案是指可供选择的解决办法。这主要包括宏观层面的政治话语、中观层面的法律和微观层面的政策工具, 表现出政策冲突性与模糊性相结合的特征(冉冉, 2014)。具体来说, 政治话语是指中国共产党塑造的目标和方针，比如说以经济建设为中心、可持续发展等；法律法规是指与目标和方针相关的法律，由人民代表大会及其委员会制定；政策工具则指各级政府和部委制定的政策条例和实施细则等，比如环保目标责任制、GDP 增长目标、节能减排目标等。政策议题和答案会影响沟通和协调渠道，不同的任务和目标需要不同的沟通和协调的渠道（机制 2）。中国的公共政策往往因为各省区域发展水平不同，进而导致中央政策目标和地方政策目标呈现不同特征，而且重大公共政策往往有多目标的特点（贺东航、孔繁斌，2011）。例如环境约束性指标通常与 GDP 增长的目标相互冲突（冉冉，2013）。

（三）沟通和协调渠道

沟通和协调渠道是指政府中正式和非正式的具体活动、人际互动和下级政府为吸引上级政府关注重点问题所进行的沟通。首先，沟通和协调渠道正式活动包括正式的文书形式沟通，如地方环保部门希望增加地方政府对环境保护的关注程度，环保部门可能会写一个请示或报告，提出事情的重要性、必要性和可行性来吸引地方政府环境保护注意力，进而影响政策执行主体的行为；非正式活动则包括电话交谈、私人关系以及诸如饭桌上或私人聚会等（周雪光，2017）。其次，这种渠道不仅在中央和地方之间存在，而且也会影响不同职能部门间的资源交换和信息交流。就央地之间来说，中央政府通过制度安排中的规则来引导地方政府行为（唐啸、陈维维，2017）；就职能部门之间来说，如果不同部门间缺乏明确的职责分工和必要的沟通协调渠道，会导致不同部门为了自身利益颁布的法律法规相互冲突（冉冉，2015a），而专项行动小组的成立有利于解决职能部门间的合作困境。最后，政府间不同的沟通和协调渠道的成功与否造成了决策者对他们所处环境的不同方面关注的多少（机制3）。例如，地方政府领导的个人价值观、偏好、利益取向以及冲突解决能力在环境政策执行系统中的沟通与合作发挥着至关重要的作用（冉冉，2015a）。

（四）注意力结构

注意力结构是影响注意力分配的社会背景、经济条件和文化特征等。制度规则、参与者、职务结构和资源塑造了决策者对议题和答案的评估、沟通和协调渠道的选择以及身份和利益的认知。

第一，制度规则是指导和约束决策者完成政策目标的正式规则和非正式规则，这些规则指导和约束决策者的行动、协调和解释。第二，参与者包括政策决策者、政策执行者和政策目标群体等。首先，在中国的府际关系下，政策执行者不一定是政策决策者，但是，政策执行者的行动却会影响决策者的决策。其次，政策目标群体对待政策的态度也会反过来影响决策者的决策。最后，政策执行者的个人利益、价值观和取向可能与政策的宗旨相互冲突。第三，职务结构指决策者党内职务和行政职务。如常务副书记和副书记都是副局级，但是其角色认知和社会认同是不同的。一方面，职务结构与制度规则相互作用为决策者提供利益、价值观和身份认知，以规范他们在组织中的思维和行为；另一方面，职务结构的地位和关系产生于组织内部和组织之间的分工，决定了组织内部的谈判、协调和竞争。第四，资源是指政府政策执行需要的一系列有形和无形资源，它们嵌入组织能力中，并为组织提供保障。这包括人（如专业技能的人才）、财（相应的资金配套）、物（执法设备、监控设备和技术水平）、技（治理污染的先进工艺）等。

地方政府在政策执行中，对不同任务类型、不同政策领域和不同执行时间阶段上的注意力分配会随压力的改变而变动（周雪光，

2017），地方政府所关注的管理环境的重点也会变化。比如说，相对于其他目标和任务，运动式治理下的目标会使地方政府增加注意力分配，更有动力调动各种资源去执行上级部门的任务，并且会成立专门的临时领导小组，增加新的沟通和协调渠道。首先，注意力结构决定政策议题中目标和任务的优先顺序和轻重缓急，这取决于不同地区的实际情况（机制4a）。其次，注意力结构引导执行行为进入一定的沟通和协调渠道（机制4b）。最后，注意力结构强化了上级激励机制并影响决策者执行政策（机制4c）。

（五）上级注意力

上级注意力指影响决策者决策的直接上级注意力。在中国的府际关系下，下管一级的干部管理体制安排塑造了下级政府对直属上级政府负责。在中央政府和上级政府注意力的叠加效应下，地方政府决策者不得不重视相关议题，与上级注意力保持一致。但是，这并不一定符合地区实际，有时甚至会和其他上级行政发包的议题相互冲突。为了应对上级的压力以及各种各样的政策考核压力，地方政府可能会转变决策的逻辑。

（六）决策者

首先，政策执行是各部门沟通和协调进行互动的产物，既有各部门间正式互动和非正式的意见交换，也有上下级部门间不断的谈判和博弈，同时也会受到执行主体的时间和精力的影响。反过来说，决策者的政策执行取决于所处政府部门以及其他政府部门的要求（机制5a）。其次，地方政府的注意力集中在特定的政策议题和答案，进行政策执行（机制5b）。最后，决策者行为既受到目标和任务的可完成性、激励性（机制3）以及与其他部门互动（机制

5a）的影响，又受到组织注意力结构的影响（机制4c）。

（七）政策执行

首先，决策者会根据自己所注意的政策议题在备选方案中做出选择（机制5c）。在上级注意力的影响下（机制5d），决策者会根据地区实际情况策略决策，选择最符合地区实际的政策执行行为。其次，这种对政策议题中不同目标的注意是在面临环境激励和晋升激励因素时决策者做出的主动选择，而这个选择受到决策者所处的沟通和协调渠道的影响。最后，政策执行一旦确定，政策执行主体的个人价值观、偏好、利益取向就会成为政府决策环境中的一部分，影响后续的政策执行（机制6）。

第四节　本章小结

本章借鉴企业的注意力基础观，提出政府的注意力基础观。政府的注意力基础观对应着中国政治体制下地方政府的公共政策执行行为特征。注意力基础观也是一个具有现实意义的理论概念和框架，它不仅描述和概括一系列特征，把一些看似不相关的信息连接起来，还可以引导人们从一个新的视角研究和诠释地方政府政策执行行为。政府的注意力基础观为我们理解政府政策执行和政府决策提供了新的视角。

在企业的注意力基础观研究基础上，指出了政府的注意力基础观的三个基本特征：行政权分配下的注意力来源多样性/复杂性、强弱激励并存下的注意力配置被动性以及中国文化情境下的注意力质量不稳定性。本章提出了政府注意力焦点、政府注意力情境和政府注意力分配三个彼此相关的原则，奠定了基于注意力的政府政策执行的理论基础。不同于先前政策执行聚焦于政策本身的模糊性和冲突性，政府的注意力基础观基于有限理性人的假设，重点研究决策者在做出决策时取决于注意力焦点集中在哪里，政府的注意力基础观理论进一步阐述了中国政府体制如何驱使决策者进行注意力分配。该模型以注意力这一核心概念为基础，将各种影响公共政策执行的因素融合在一起，有助于解释决策者如何及时调整政策执行来适应环境变化。

本章论证了政府的注意力基础观是一种分析政府公共政策执行行为的理论框架，其在中国情境下有一定的现实意义。在政府领导有限理性的假设下，政府的公共政策执行行为是组织引导和配置决策者注意力的结果。政府的注意力基础观在注意力来源、注意力配置和注意力质量三个维度相互配合，适合解释府际关系下公共政策执行者的决策逻辑。本章重点研究政府注意力与政府政策执行行为之间的关系，不涉及政治层面的因素，如权力来源与合法性等。本章研究也无法解释地方政府间的竞争行为，将来的研究可以尝试与其他理论进行结合。此外，本章研究的理论框架还需要进行实证检验。

第四章　地方政府注意力与环境政策执行的单案例研究

本章采用定性研究方法提出地方政府政策执行行为转换模型。在上一章的基础上，本章利用地方政府环境政策执行的多重决策逻辑框架从注意力视角对地方政府政策执行行为进行分析，目的在于找出注意力的表现特点和内在规律，为探讨政策执行行为问题的根源和接下来的实证研究奠定基础。

第一节　引言

地方政府既承担着发展经济、改善民生、管理社会和保护环境等多重治理任务，也是推进国家治理走向现代化的重要主体。要想在中国政治制度的一统体制背景下实现地区有效治理（周雪光，2017），就要充分发挥地方政府的能动作用，进行科学决策和有效调动资源，以完成中央政府的"行政发包任务"（周黎安，2017）。其中，有效执行中央环境政策和改善辖区内生态环境问题与其他治理任务之间存在一定的竞争，这使得地方政府面临多种注意力的争夺（练宏，2016；赖诗攀，2020）。因此，对于地方政府而言，如何完成中央政府下达的政策目标，同时兼顾辖区内有效治理是一项艰难的议题。

在政策执行过程中，地方政府注意力是解决这一艰难议题的关键力量（刘军强、谢延会，2015；庞明礼，2019；黄冬娅，2020；陶鹏、初春，2020；章文光、刘志鹏，2020；王仁和、任柳青，2021），其强调了注意力作为一种稀缺资源的重要性（Ocasio，1997；Simon，1947）。在央地博弈的情境下，地方政府注意力搭建了政策目标和政策结果之间的桥梁（庞明礼，2019），推动着政策目标的贯彻落实。根据政策执行过程理论，地方政府作为政策执行者，其对政策的理解、认识和态度应嵌入政策执行过程中（Van Meter，Van Horn，1975）。因此，地方政府应该被视为潜在的"决策者"而不仅仅是"执行者"（Xue，Zhao，2020），地方政府领导与相关职能部门官员配合从而获取各个利益层面的支持（丁煌，2002a）。通常而言，即使地方政府注意力分配到某项政策，政策执行的效力也会不断发生变化（黄冬娅，2020）。由此可见，地方政府如何有效决策是政策执行成功的关键。

当前对地方政府政策执行行为的研究大多聚焦在理论概念的开发和讨论上，偏重运动式治理（王智睿、赵聚军，2021）、激励机制（任丙强，2018）、执行类型（唐啸、陈维维，2017）、分权式治理理论（冉冉，2019）以及政治势能的变化（贺东航、孔繁斌，2020）等议题的理论框架，忽视了对地方政府环境政策执行过程的研究，更缺少对地方政府重视环境议题下执行行为形成过程的探索。此前有研究考察了地方政府环境注意力的来源（孙雨，2019）、生态环境注意力的变化（王印红、李萌竹，2017）和环境注意力对环境治理绩效的影响（申伟宁等，2020），但定量研究并不能反映出政策执行过程中的复杂性。由于环境政策执行涉及多个职能部门的配合，相较单个行动者参与的公共政策，地方政府更难协调各个行动者之间的利益（冉冉，2015a）。因此，地方政府的环境政策执行行为更加多变和难以融合，这也使得相应的研究更具挑战性和研究价值。

本章运用单案例研究方法，从注意力视角出发探讨地方政府注意力分配到环境议题后，地方政府的环境政策执行过程，试图揭开地方政府在面临多任务的情境下，从关注相关信息、解释所筛选的信息到最终做出决策的内在机制。拟解决的关键性研究问题为："地方政府环境注意力如何影响地方政府环境政策执行？"在中国的政治体制下，县区级政府在执行中央政策时发挥着重要作用（王鑫等，2019），因此，中国县级政府是本章的研究情境。Z县在基本完成环境政策目标的同时，也存在着象征性执行等问题。因此，本章对Z县环境政策执行情况进行了深入调研。通过收集Z县参与环境政策执行的各个职能部门官员的数据，本章研究力图在注意力和政策执行相关研究领域作出贡献。

第二节　文献综述与研究框架

一　多任务情境下的政策执行

地方政府面临着多重治理目标和多种政治任务（Zhang，2021）。伴随着绿色发展理念的提出和实施，中央政府对地方政府寄予厚望，期待它们像追求经济发展一样，严肃对待环境保护问题。一方面，中央政府出台了一系列环境保护制度和政策，如环保督察和环保约谈等（吴建祖、王蓉娟，2019；庄玉乙、胡蓉，2020），这对地方政府强化环境注意力配置形成了垂直层面的压力；另一方面，社会中环保意识不断强化，并且民众对环境公共产品的需求也逐渐增加（黄森慰等，2017），这又从横向的需求层面对地方政府环境注意力配置形成了压力。面对纵向与横向的双重压力，最近几年来地方政府的环境注意力也在不断提升（王印红、李萌竹，2017）。

环境注意力的提升离不开地方政府对环境问题的重视。本章中的地方政府领导是指县区级政府部门的领导群体（殷浩栋等，2017），他们负责地方事务，有权对上级政策进行再决策。通过对各职能部门施加有效的压力来完成上级政策目标，从而为自己谋求晋升利益（周黎安，2007）。职能部门官员主要由基层公务员组成。截至2016年年底，中国县处级及以下基层公务员人数约为431.4万人（郭剑鸣、刘黄娟，2019）。虽然基层政府官员行政级别低，但是其数量庞大，因此是政策执行过程中最关键的一环（彭云等，2020）。对于基层政府官员而言，由于权力的有限性，有效协调任务、合理配置资源和平衡各方利益往往比较困难（倪星、王锐，2018）。面对这种情况，地方政府领导重视可以有效推动地方资源集中和政策的有效执行。

自上而下的政策执行研究认为地方政府是政策执行中的执行者，而自下而上的研究则认为，地方政府更应该被视为政策执行中的决策者（Lipsky，1971）。对于地方政府而言，在政策执行过程中他们拥有自由裁量权来决定如何执行上级政策（Gassner，Gofen，2018；Thomann et al.，2018）。因此，中央政府应该完善人事激励制度，充分调动地方政府作为决策者的积极性（倪星、王锐，2018）。

然而，无论将地方政府视为执行者还是决策者，这些观点都假设地方政府有能力完成上级行政发包的任务。近年来，学者们逐渐意识到，在复杂的府际关系下，并不是每一项政策目标都能够顺利完成（彭云等，2020）。例如，基层政策执行者实际拥有的自由裁量权比预期更大，完成政策目标并非易事（陈那波、卢施羽，

2013）。同时，地方政府领导的重视会干扰官员行政，甚至还会影响各个职能部门事务的正常处理（庞明礼，2019）。在多任务的情境下，地方政府需要合理分配其有限的注意力。但是在实际情形中，地方政府可能很难具备上述能力。比如，运动式治理会促使地方政府在某一议题分配大量的注意力（周雪光，2012）；部分政府领导在没有充分了解实际的情况下就贸然在执行中层层加码，引发了严重的民生问题进而导致政策失败（王仁和、任柳青，2021）。综上所述，对于地方政府而言，如何正确地决策、兼顾上级政策目标与辖区有效治理，是一项巨大的挑战。

二 基于注意力视角的环境政策执行

在多任务情境下，强调决策途径的注意力理论为理解和解释地方政府环境政策执行提供了有价值的研究视角。学术界通常将注意力描述为一种稀缺资源（Simon，1947）。本书遵循西蒙、奥卡西欧对注意力的定义，认为注意力是"在与决策相关的众多刺激因素中占据决策者意识的那个刺激因素"（Ocasio，1997，2011；Simon，1947）。注意力基础观理论把个人的认知与组织结构结合起来，重视个人、组织和环境等多方面的影响（Ocasio，1997；吴建祖、曾宪聚，2010）。这对需要兼顾多重目标的地方政府而言至关重要。

现有文献对于地方政府注意力与环境政策执行的研究主要聚焦两个方面：一方面，地方政府环境注意力是实现环境政策执行的先决条件（张程，2020）。这种观点强调地方政府将有限的注意力资源配置到环境治理相关议题和方案的过程（Ocasio，1997，2011）。首先，决策者有选择地关注和筛选与议题相关的信息；其次，地方政府对筛选出来的信息内容进行编码和解释，并赋予它们一定的意义；最后，地方政府在这些被赋予意义的信息的影响下做出决策进而推动政策执行。一般而言，地方政府将注意力分配至环境议题，并通过行政方式协调政府组成部门（杨宏山，2016）、积极调动组织内部资源（吴少微、杨忠，2017）、向下级政府和官员施加任务压力（陈水生，2014）等方式，使各职能部门注意力与地方政府领导保持一致（彭云等，2020），以有效推进政策目标的完成。

另一方面，地方政府环境注意力并不必然导致好的政策执行结果（黄冬娅，2020）。这种观点认为政策执行涉及注意力资源的特性、政府领导的个人特征以及政绩考核制度设计等多方面因素。地方政府凭借信息优势，可灵活执行政策以适应当地的特殊情况（周雪光，2008）。例如，注意力资源存在稀缺性以及耗散、持续性降低、失焦和泛化等问题（陈辉，2021）；政府注意力资源分配过程中会增加政府领导的个人成本，而为了协调政府间合作和交流而专门成立的机构可能会因为成员泛化等问题分散地方政府注意力（刘军强、谢延会，2015）；中国的政绩考核制度使地方政府领导对价值和风险的考量超越了事实基础上的理性判断，形成了主动的政策不作为（武晗、王国华，2021）。

三　理论分析框架

通常而言，地方政府会同时面对多个部委和多个政策目标，这也使得地方政府必然会对不同议题进行排序和取舍（周黎安，2014）。目前，不同议题间注意力的竞争已经在练宏和赖诗攀等的研究工作中进行了探讨（练宏，2016；赖诗攀，2020）。相较之下，地方政府对某项议题的注意力是如何影响政策执行行为的并未获得充分关注。实际上，与注意力的竞争相比，当注意力分配到某项议题后，面临的挑战更多。理论上，当一项政策的执行需要多职能部门参与时，地方政府不仅监控能力不足，还面临巨大的交易成本，这难以保证各个职能部门能够严格履行职责（Feiock，2013；Feiock et al.，2017）。

本章借用艾利森和泽利科的概念框架来分析地方政府的政策执行行为（艾利森、泽利科，2015），明确了地方政府环境注意力影响环境政策执行的三种概念模式：理性行为体模式下的政治性执行、组织行为模式下的变通性执行和政府政治模式下的象征性执行。行政发包制下的多任务情境和压力型体制背景下的注意力过度分配，导致地方政府多重决策逻辑下的环境政策执行行为。政策执行行为转换的关键在于组织决策的解释过程，地方政府对同一信息不同的解释会导致不同的政策执行行为。接下来我们将从概念分析的三个维度出发，如表4－1所示，构建注意力视角下地方政府环境政策执行的多重分析框架，并重点强调理论维度的提炼过程以及它们之间的关系。

表4－1　　　　　　　　各种模式及其概念的概括

模式	基本分析单位	主要推导模式	执行模式
理性行为体模式	作为选择的政府行动	实现目标价值最大化	政治性执行
组织行为模式	作为组织输出的政府行动	受限于组织资源的输出	变通性执行
政府政治模式	作为政治合成物的政府行动	讨价还价的结果	象征性执行

资料来源：修改自艾利森、泽利科（2015）。

第三节　研究方法

一　研究对象

本章主要目的是探究多任务情境下地方政府政策执行行为以及地方政府注意力对政策执行的影响。采用单案例研究方法的原因如下：第一，由于压力型体制与传统官僚制的差异，现有文献无法解释地方政府重视下的地方政府政策执行行为，因此采用归纳式的理论建构方式去探索（Yin，2018）。第二，本章重点关注政策执行的过程及机制，单案例研究既可以对过程进行深入分析，也可以更好地对事件脉络及其互动进行把握。

基于目的性抽样原则，抽取的研究对象能够更有代表性并与研究问题相契合（万倩雯等，2019）。本章关注地方政府注意力如何影响地方政府环境政策执行行为。因此，本章的分析单元为地方政府聚焦地方政府重视到环境保护议题后，从关注、解释环境保护议题到行动的政策执行过程。于是，本章选择了 Z 县可以量化的约束性指标环境政策为研究对象，重点研究该政策的执行过程。详细选取过程如下：第一，研究情境是中国；第二，案例研究对象是 Z 县约束性指标环境政策执行；第三，分析单位是 Z 县政府参与政策执行的职能部门。

（一）中国：减排力度最大的国家

选取中国作为研究情境。一方面，中国为全球环境治理作出了卓越的贡献。截至 2019 年年底，中国单位 GDP 二氧化碳排放比 2005 年降低了 48%（项目综合报告编写组，2020）。从这个角度看，中国非常适合作为环境政策执行研究的情境。另一方面，习近平总书记提出了"绿水青山就是金山银山"的重要理念。地方政府为了响应发展理念，开始逐渐深入地关注环境保护议题，制定各种战略来解决地方环境污染问题，县级政府是政策执行的关键环节（贺东航、孔繁斌，2011），因此，中国县级政府是最佳研究情境。

（二）约束性指标环境政策：兼顾目标清晰与政策冲突的政策执行案例

在中国研究情境下，选取约束性指标环境政策作为研究案例。第一，本章探讨地方政府注意力如何影响环境政策执行。中国情境下的环境政策执行是建立在各职能部门相互合作的基础上。因此，针对中国县级政府环境政策执行的研究将有助于我们观察和揭示政策执行行为转换的内在逻辑。第二，中国的约束性指标环境政策适合探索低模糊性和高冲突性政策下环境保护与经济发展的共存。环境保护的"一票否决"制意味着地方政府只有完成了既定的政策目标，地方政府官员才获得了晋升的入围赛资格，有望在后续的经济晋升锦标赛中站稳脚跟（周黎安，2007）。与其他公共政策相比，约束性指标环境政策更容易量化，极大地压缩了信息不对称，直接将地方政府的环保政绩与官员晋升连接起来。第三，虽然中国约束性指标环境政策自 2006 年就开始实施并取得了不错的效果，但在政策执行过程中也存在象征性执行等现象。中国生态环境部的数据显示，2019 年生态环境保护约束性指标基本完成，但也存在敷衍应对、弄虚作假等形式主义问题。综上所述，中国约束性指标环境政策能够帮助我们更有效地回答研究问题。

（三）Z 县政府：多职能部门参与

在确定约束性指标环境政策后，本章将分析单位聚焦至 Z 县参与环境政策执行的相关职能部门。中国是一个统一的国家，不仅各个地区差异较大，而且包含多个民族。即使是统一的约束性指标环境政策，不同地区面临的情况也并不相同，这意味着收集全国范围的数据非常困难。同时，为了更好地对研究问题进行深入探究和概念提炼，本章选择了 Z 县一个区域进行调研。

约束性指标环境政策在 S 省面临的挑战尤为严峻，地方政府在 S 省的环境政策执行难度相对更大。一方面，S 省是传统的工业大省，经济发展结构以第二产业为主；另一方面，S 省是京津冀周边地区，有更多的环保任务。然而，在困难重重的 S 省，约束性指标环境政策却取得了较大的成功并实现了政策目标的超额完成。

本章基于数据的可得性和案例的典型性选择了 Z 县进一步收集数据。Z 县位于 S 省中西部，隶属 B 市，是 2020 年全国综合竞争力百强县之一。一方面，Z 县是典型的工业重县，其辖区内有 W 集团、G 集团和 C 集团三大钢铁企业，环境政策执行面临较大的地方阻力。另一方面，Z 县属于"2 + 26"通道城市之一，中央部委和省政府联合出台了专门的政策来保护环境，使 Z 县政府面临较大的政策压力。2016 年"十三五"节能减排项目正式施行以来，与之配套的"煤改气""煤改电""旱厕改造"等政策也相继出台。在这样的政策背景下，Z 县政府常务副县长作为主要负责人，全面负责 Z 县环境保护。截至 2020 年年底，Z 县政府已基本完成上级制定的各项环境约束性指标。

二　数据来源

数据来源包括半结构化访谈、二手资料和参与性观察 3 种类型。半结构化访谈是主要数据来源，二手资料和参与性观察是补充数据来源，方便研究进行三角验证并帮助理解研究情境。

（一）访谈数据

本章重点关注地方政府注意力如何影响环境政策执行行为。因此，主要的访谈对象分为两大类：Z 县地方政府官员（环境保护行政主管机关内官员和参与环境政策执行各职能部门官员）与企业相关负责人（政策目标群体）。

地方政府官员分为两类：环境保护行政主管机关生态环境局官员和参与环境政策执行的地方相关职能部门官员。在环境保护行政主管机关层面，笔者访谈了4名环保系统内官员和工作人员；在相关职能部门层面，笔者访谈了住房和城乡建设局、农业农村局、财政局、纪律检查委员会、C镇政府、扶贫办、市场监督管理局和城市管理局等职能部门的11名官员。同时，为了站在政策目标群体的角度看待地方政府如何执行环境政策，还访谈了2位企业负责人，分别是化工类企业和钢铁类企业。表4-2总结了17位访谈对象的基本信息。

在进行半结构化访谈之前，详细地准备了访谈问题列表以期保证访谈问题契合研究问题。首先，针对不同访谈对象设计了不同的访谈问题。地方政府官员的访谈问题倾向于了解环境政策执行过程中，各个职能部门合作中的挑战与解决方案；环保系统内工作人员的访谈则更关注政策实际执行过程中遇到的困难与应对办法，勾勒出政策执行行为的转换过程；企业负责人的访谈主要收集地方政府对待企业的态度和方式。其次，更改访谈问题的提问方式。一方面，通过与其他学者探讨以保证访谈问题和研究问题的契合度，并尽量使研究意图不被访谈问题透漏；另一方面，与政策执行人员进行讨论，并对提问方式和内容进行修改和完善，从而使访谈问题便于理解和回答。

经过充分准备，笔者前往Z县进行了面对面访谈和参与性观察。面对面访谈包括一对一深度访谈、焦点群体访谈和非正式访谈三种方式，访谈时长涵盖30分钟到100分钟之间；参与性观察是指在Z县生态环境局实习过程中，通过近距离观察、记录与分析形成田野调查记录稿。

表 4 - 2　　　　　　　　　　访谈对象基本信息

序号	类别	角色	出生年份/受教育程度	数据收集时间
1	政府	生态环境局副局长	1966 年/中专	2020 年 12 月 24 日
2	政府	生态环境局环评科科长	1975 年/本科	2020 年 12 月 25 日
3	政府	生态环境厅生态环境保护督察办工作人员	1984 年/本科	2020 年 12 月 26 日
4	政府	生态环境局执法大队队长	1967 年/高中	2020 年 12 月 30 日
5	政府	住房和城乡建设副局长	1967 年/本科	2020 年 12 月 28 日
6	政府	农业农村局畜牧生态发展办公室副科长	1980 年/本科	2020 年 12 月 29 日
7	政府	财政局副局长	1967 年/中专	2020 年 12 月 30 日
8	政府	纪律检查委员会委员	1969 年/中专	2020 年 12 月 31 日
9	政府	办事处书记	1976 年/本科	2021 年 1 月 1 日
10	政府	C 镇副镇长	1967 年/中专	2021 年 1 月 2 日
11	政府	扶贫开发办公室副科长	1984 年/本科	2021 年 1 月 2 日
12	政府	城市管理局局长	1965 年/中专	2021 年 1 月 2 日
13	政府	市场监督管理局副局长	1973 年/本科	2021 年 1 月 2 日
14	政府	计量认证科科长	1978 年/本科	2021 年 1 月 2 日
15	政府	组织部科员	1993 年/本科	2021 年 1 月 3 日
16	企业	T 化工企业总经理	1968 年/专科	2021 年 1 月 4 日
17	企业	W 集团环保部部长	1975 年/本科	2021 年 1 月 4 日

资料来源：作者自制。

（二）二手资料

除访谈数据外，本书还收集了与 Z 县环境政策执行相关的内部文件和外部资料。内部文件包括 Z 县政府部门沟通文件、内部下达文件和环评材料等；外部资料包括政府网站、网络报道和报纸等。表 4 - 3 是与 Z 县环境政策执行相关的二手资料信息。二手资料信息和参与性观察笔记是后续三角验证法的重要数据来源。

表 4 - 3　　　　　　　　二手资料信息

序号	类别		名称	来源（年份）
1	内部文件	部门沟通文件	关于对《Z县建设项目环境准入负面清单》（征求意见稿）文件稿征求意见反馈及采纳情况	政府内网（2020）
2		内部下达文件	镇（街道）科学发展考核成绩汇总表	政府内网（2019、2020）
3			2020年度镇（街道）环保指标考核实施细则	政府内网（2020）
4		环评材料	企业环评报告书	Z县政府环评科（2020）
5	外部资料	政府网站	Z县环境政策相关的政府信息公开	Z县政府网站、S省生态环境厅官网（2020）
6		网络报道	Z县环境政策执行相关的评论文章	微信公众号、问政S省（2020）
7		报纸	Z县环境政策执行相关的新闻	中国环境报、B市日报（2020）

资料来源：作者自制。

三　数据分析

本章采用归纳式主题分析法进行数据分析（Gioia et al.，2013），遵循"证据条目—构念—关系"的演绎范式，即从最原始的证据到一阶构念，再到二阶主题，最后到构念之间的逻辑关系展示（Corley，Gioia，2004）。具体来说，第一阶段数据编码将原始数据资料分类识别，形成主题各异的"数据块"；第二阶段数据编码则是进一步分析和演绎上一阶段生成的"数据块"（李亮等，2020）。

在数据编码分析的第一阶段，采用粘贴式编码从数据资料中截取最能反映数据资料内容的原始词作为标签（李亮等，2020）。接着，针对第一阶段形成的编码进行第二阶段的数据编码。首先，将具有相同属性或者表达类似内涵的代码归纳成一阶构念（York et al.，

2016），并加以命名；其次，将数据库按照特定的逻辑关系紧密联系起来，得到二阶主题；最后，进一步整理二阶主题，聚合生成理论维度，这是一个不断迭代反复和推理的过程（Gioia et al.，2013）。

为了保障研究的效度和信度，在数据分析的具体过程中，本书主要开展了以下工作。

首先，研究效度。一是采取多重数据来源进行三角验证，数据来源既包括访谈、参与性观察等一手资料，也包括二手资料的使用。二是完整证据链的建立，通过与研究团队研讨降低个人主观性，进行多轮相互探讨，依此提出关注、解释和行动的三个过程。三是重要信息提供人的反馈，本书将访谈整理后的笔记发给访谈对象让其确认相关信息，所有的信息都需要被访谈者确认。

其次，研究信度。第一，制定了详细的研究设计，包括针对地方政府官员和企业负责人设计了不同的访谈问题。第二，更改访谈问题的提问方式。一方面，通过与其他学者探讨以保证访谈问题和研究问题的契合度，并尽量使研究意图不被访谈问题透漏；另一方面，与政策执行人员进行讨论，并对提问方式和内容进行修改和完善，从而使访谈问题便于理解和回答。第三，建构研究数据库以便后续进一步检查与分析，包括访谈的录音、田野笔记、二手数据和数据的分析记录等。

第四节 环境政策执行的个案分析

一 理性行为体模式——言行一致

改革开放以来，为了实现地区经济的跨越式发展，Z县大力发展第二产业。前几任县领导任期内，Z县大量未批先建项目上马，形成了以第二产业为主的经济结构。随着中央对环境保护的不断重

视，尤其是环保"一票否决"制的实施和生态文明建设被纳入各级
人民政府政绩考核后，上级政府对环境保护的重视和中央生态环境
保护督察制度的实施迫使地方政府注意力开始聚焦环境保护议题。
案例证据呈现出两个具体的理论维度，主要是指注意力焦点下的地
方政府善政决策逻辑。

（一）注意力焦点

根据案例实践，当地方政府注意力分配到环境保护议题以后，
组织的行动焦点聚焦于激发组织活力和调动组织成员。围绕环境政策
的执行，Z县主要有两个方面的措施：环保议题优先与情境动员。

环保议题优先意味着Z县政府提高了环境保护相关议题的优先
级。一方面，Z县政府工作报告开始多次出现与生态环境保护和绿
色发展相关的议题；另一方面，地方政府领导多次前往现场调研
生态环保工作并积极参与生态保护示范城市的评比。

情境动员指Z县政府密集地展开环境保护重要性宣传工作，地
方政府领导出席与环境保护相关的会议并讲话，形成"意义重要"
的阵势。充分利用宣传工具制造舆论优势，通过宣传、座谈等方
式，促使Z县政府官员从思想上接受环境保护政策。与此同时，通
过组织政府官员学习领悟上级相关文件精神，统一思想、形成共
识，并把环保纳入各个乡镇政府考核指标，通过健全激励机制来调
动相关职能部门的积极性。

（二）善政决策

理想状态下的注意力焦点诱发了地方政府的善政决策。Z县政
府通过调整部门排名和成立环委会来协调各个利益群体之间的矛盾
来执行环境政策。环保议题优先下，一方面，调整部门排名使政治

势能能够充分发挥集中力量办大事的优势；另一方面，随着环保部门地位的提高，生态环境局可以直接给各乡镇下达文件，尤其是在涉及生态环境考核指标方面，生态环保被纳入各乡镇领导干部考核指标，这意味着乡镇政府的环保评议大权掌握在环保部门手里。情境动员下，Z县成立了环委会，这意味着参与环境政策执行的各个职能部门间有了明确的部门分工和正式的协调机构。环委会的成立一方面加强了各部门之间的联系，方便了彼此沟通和交流；另一方面，环委会的成立一定程度上解决了多部门合作带来的冲突，使各职能部门间互相推诿的现象得到了一定缓解。

（三）政治性执行

在理性行为体模式下，当地方政府关注环境保护议题后，可以发挥集中力量办大事的优势。地方政府重视环境保护议题时，会通过协调相关职能部门并动用相关资源，来提高环境政策执行力。理性行为体模式下信息的增加有助于提高决策的质量。此时，地方政府不需要考虑其他行政发包任务，只需要做好环境保护这一件事情。因此，本书提出如下命题：

命题1：理性行为体模式的善政决策下，地方政府环境注意力提高有利于环境政策执行。

二 组织行为模式——言而不行

根据注意力基础观，即使地方政府重视到相关议题，也会存在"光说不练"等情形，这是因为注意力情境原则。地方政府关注环境保护议题和解决方案以及做出什么决策，取决于特定环境。在压力型体制和多重行政任务发包背景下，地方政府面临多种决策情境。在本案例中，主要包括非正式制度压力和政府规模两种情境下的邀功决策逻辑。

（一）注意力情境

非正式制度压力意味着任务检查方式的改变，具体表现为检查次数增多和检查目的改变。首先，检查次数的增多是指多部门、多层级的重复检查，这使地方政府疲于应付各个部门的检查。对于同一个问题，既包括生态环境部、住房和城乡建设部、农业农村部等其他部门的检查组，也包括中央、省、市级别的检查组。其次，检查目的改变是指发现问题导向变成了任务式导向。生态环境保护督察办工作人员说，"我们出去检查，每天都要求必须发现 5 个问题。"政府规模是指随着参与环境政策执行部门的增加，引发了部门间职责不清的情况。一方面，什么事情都要找环保，增加了环保部门的负担；另一方面，各个部门都有自己的要求，交易成本也随之增加。

（二）邀功决策

非正式制度压力的外部情境和政府规模的内部情境诱发了地方政府的邀功决策逻辑。在邀功决策逻辑下，地方政府通过把控数据和向下推责来推动各职能部门进行合作，以期完成政策目标。这就带来了基层负担过重和权责不对等的现象，正如基层政策执行人员所说，"婆婆太多，儿媳妇难当。"如果说把控数据是地方政府面临非正式制度压力的无奈之举，那么政府规模过大下的"喊好口号"则是由地方政府领导的晋升动力引起。地方政府主要通过让乡镇政府填表和责任下推来实现向下避责。农业农村局副科长指出，"上级部门都有这些表，但是还让你重新填写。"填表的时间非常紧张，这逼着工作人员加班加点完成工作。上级检查基层报表减负反而起到了相反的作用，使基层填写的表格数量进一步增加。

（三）变通性执行

在组织行为模式下，尽管地方政府高度重视环境保护议题，但是决策过程受到非正式制度压力和政府规模的影响，邀功决策带来了地方政府的变通性执行。此时，地方政府在执行环境政策的过程中，不仅需要考虑环境保护议题，还要考虑组织内外部的情境条件。地方政府对压力的认知和组织的实际情况共同决定着组织解释过程，如命题 2 所示。

命题2：组织行为模式的邀功决策下，受非正式制度压力和政府规模的影响，地方政府会变通性执行政策。

三　政府政治模式——言行不一

为了完成中央政府下达的各项指标，省、市级政府把数量化的任务层层加码、逐级施压，以确保任务的满额甚至超额完成（孙宗锋、孙悦，2019），这就包括政策任务上的加码和政策完成时间上的加码。前者是指政策目标任务的增加，后者是指政策目标完成时间的提前。压力型体制下的注意力过度分配超过了地方政府的现实条件和实际能力。正如政策执行工作人员指出，"政策执行的真正时间短，可能上级下达的期限是一个月，但真正到企业层面也许只有三天，任务重、弹性差。"信息的增加而配套资源的缺乏，使地方政府面临"巧妇难为无米之炊"的困境。

（一）注意力分配

首先是注意力分配超过地方政府现实条件，即政策统一与地区差异之间的矛盾。在中国情境下，自上而下制定的政策并不一定适用于全国不同的情况。尽管制定政策的初衷是好的，但是在很多地方根本无法落实。办事处书记说，"旱厕改造在北方的冬天根本没法用，水管全部被冻住了，只能是形象工程。"C镇副镇长也是这样评论的，"好多事情我们只能是抓落实，实际情况根本无法完成。"其次是注意力分配超过地方政府实际能力，即目标预期与工业结构之间的矛盾。环境政策目标的设定是一个自上而下的过程，并不是地方政府根据地区的实际情况定下的目标，这使地方政府面临很大的财政压力和地区稳定压力。县财政局副局长说，"我们县的工业结构不允许我们采取这样的环境政策。"

（二）避责决策

注意力过度分配引起了地方政府避责决策逻辑，导致了政策目标形式上的完成。具体来说，认真走程序是地方政府关注政策本身，聚焦于政策目标任务的完成情况；踏实走过场是地方政府关注地区实际情况，考虑如何实现辖区内有效治理。然而，对于政策执行结果而言，无论关注哪个方面，随着注意力的提高，政策执行力都是一个由峰值走向下降的过程。对于上级政府下达的目标而言，认真走程序主要指地方政府有保留完成和数字上完成政策目标。地方政府完成了上级制定的既定目标后，即失去了执行政策的动力。对于辖区内有效治理而言，踏实走过场是指地方政府关注地区实际情况，对于小企业和民众无能为力。环境政策执行人员强调，"小企业不好查，等你真正检查到的时候，人家已经赚完钱跑了。"C镇副镇长也说："有些老百姓就是不听话，你总不能把人家抓起来吧？"向现实妥协带来了地方政府环境政策的象征性执行，导致了政策执行力的下降。这对环境政策目标的实现效果也有限，因为并没有抓住污染源的根本。

（三）象征性执行

在执行上级制定的环境政策过程中，理性行为体模式下信息是中立且明确的，但实际情况下，信息常常是不一致的，其意义常常是模糊不清的（周雪光，2003）。地方政府面临模糊不一致的信息，地区的现实条件和实际能力以及地方政府领导自我身份认知影响着解释过程。地区的实际情况主要是指受地方财政的制约；领导自我认知是指地方政府领导以过去的经济发展决定升迁的经验来执行环境政策，他们在政绩观的影响下，策略性地使用信息来达到私人利益。因此，本书提出如下命题：

命题3：政府政治模式下，当地方政府环境注意力分配超过现实条件和实际能力时，会诱发地方政府避责行为下的象征性执行。

第五节　结论与启示

一　研究结论

本章揭示了地方政府环境注意力影响环境政策执行的机制。在面对同样的信息时，地方政府解释的不同导致了组织策略决策下的政策相机执行。地方政府政策执行行为的转换，正是地方政府"合乎情理的逻辑"决策模式的体现（March，1994）。通过刻画地方政府对环境保护议题的关注、解释，并最终导致政策执行的过程，勾勒了地方政府的政策执行行为的转换过程。通过案例的展示与分析，从注意力视角解释了地方政府注意力影响环境政策执行行为的内在机理。详见图4-1。

地方政府的政策执行行为由地方政府决策的解释过程决定，这是政策执行的关键。之前有研究指出政策路径和激励机制导致了地

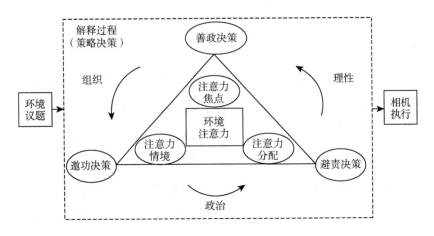

图 4 - 1   注意力视角下地方政府政策执行行为转换模型

方政府政策执行行为模式转换（杨宏山，2014）。本章研究指出这是政策执行过程中地方政府不断决策的过程。组织决策解释过程中地方政府的策略决策导致了政策执行行为的转换。理性行为体模式下，随着环境注意力的不断提高，地方政府在善政决策下选择政治性执行。但是，政策执行过程会受到组织内外部情境影响，组织行为模式下注意力增加使地方政府在邀功决策下选择变通性执行。在政府政治模式下，压力型体制导致地方政府注意力过度分配，随着注意力的不断提升，注意力资源变成了地方政府的负担，这引发了后续的象征性执行。地方政府政策执行行为是地方政府在面临多重议程、多重压力下，不断解释从而进行策略决策的过程。

本章研究发现，在地方政府政策执行行为转换模型的第一阶段（关注），地方政府有选择地关注与筛选一些与决策相关的信息。具体而言，地方政府在面临中央政府发包的环境保护、社会保障和教育医疗等公共服务时，在多重任务之间做出选择，关注环境保护议题是环境政策成功执行的前提。地方政府之所以选择环境保护议题并不是由地区实际情况决定的，而是依靠上级政府自上而下的推动。这一发现不同于此前文献探讨的晋升激励等因素（曾润喜、朱利平，2021）。在环境保护议题方面，地方政府对环境保护议题的关注更多的是一种被动重视。只有关注到环境保护，才能有后续的环境政策执行行为。因此，环境注意力分配是政策执行决策过程的起点。

在转换模型的第二阶段（解释），地方政府为了更好地执行上级政策，解释筛选信息，并赋予它们一定的意义。这一发现与基层政策执行多重逻辑的观点一致（孙宗锋、孙悦，2019）。但是，本章研究进一步指出，地方政府的解释过程是基于政策本身和地区实际，而非仅仅依赖现有文献中强调的组织内外部逻辑。约束性指标政策目标导致有效完成中央目标与实现辖区有效治理之间的矛盾，而实际执行中地方政府策略决策旨在减少执行过程中面临的冲突。在前人研究的基础上，本章研究界定了注意力焦点下善政决策、注意力情境下邀功决策、注意力分配下避责决策的多重组织决策解释过程。

在转换模型的第三阶段（行动），地方政府在这些被赋予意义的信息的影响下做出行动。通过解决政策执行过程中面临的集体行动困境，本章研究在回应已有文献中地方政府建立议事协调小组并实现政策执行的基础上（刘军强、谢延会，2015），进一步指出影响政策执行行为转换的两个要素：地方政府面临任务数量的多少和目标完成度的高低。其他议题的压力使地方政府不能把所有的注意力资源都分配到某一项议题，而目标的完成意味着政策执行延续的动力开始减少。导致的结果就是尽管注意力仍在投入，但是经过地方政府的解释，执行行为已经发生了转换，由此标志着政策执行行为转换模型的建立。

二 研究贡献

首先，本章从注意力视角出发，针对地方政府面临多重目标、多种任务这一独特情境，基于地方政府的决策过程，构建了多任务情境下地方政府政策执行行为转换的理论模型。目前，普遍流行的观点是假定地方政府有能力实现合理的注意力分配，在政府高注意力情境下就会有好的政策执行结果，而忽略了地方政府内部决策过程对政策执行行为的影响。本章对此进行了回应，重点探索地方政府注意到环境保护议题后组织内部的决策过程。通过对 Z 县环境政策执行进行深入的单案例研究，本章研究认为地方政府环境注意力分配主要来自非正式制度压力。同时，本章还界定了地方政府组织决策解释过程的 3 种模式：注意力焦点下善政决策、注意力情境下邀功决策、注意力分配下避责决策。地方政府的策略决策导致了地方政府政策执行行为的转换，该过程为理解地方政府政策执行行为提供了更丰富的洞见和更全面的理解。

其次，本章对地方政府差异化的政策执行行为产生了更深刻的认识。研究结论表明，地方政府注意力是政策执行的重要资源。此前的研究认为，注意力竞争是地方政府政策执行成功的关键。运动式治理理论认为，地方政府在执行具有项目制运作特征的政策时，政策执行过程中会面临很强的激励和压力（周雪光，2012），但是这并不能解释高强度动员下存在的不能完成政策目标的情况（王智睿、赵聚军，2021）。本章研究认为，地方政府有效决策是政策执行成功的关键。具体而言，地方政府根据自己所处的环境，选择性地关注相关信息，提高分配其有限注意力的效率，有效处理相关信息并做出正确的决策。在压力型体制下，地方政府面对多重任务和目标，这加大了其选择有效信息的难度，即无法有效分配其有限的注意力。只能在关注到相关议题后，进行策略决策，以适应地方政府的实际需要，这造成了政策执行行为的转换。政策执行问题的本质是注意力资源有限性和地方政府任务多重性之间的矛盾，地方政府缺少的不是信息，而是如何有效分配其有限的注意力。

最后，本章把地方政府当成一个组织整体，从注意力视角出发，构建了政策执行行为转换模型。先前有关中国地方政府环境政策执行研究把职能部门放在执行系统的权力结构中，认为执行职能的碎片化和权责倒置影响政策执行（冉冉，2015a）。通过对 Z 县环境政策执行的过程研究，本章解构了地方政府注意力是如何解决这些问题的。研究发现，地方政府注意力在解决问题的同时也在制造问题。本章也丰富了已有文献对制度性集体行动困境的理解。地方政府重视能有效解决各职能部门横向间的协调困境，使得以跨部门合作为基础的环境政策得以顺利执行。政策执行行为转换模型同时也为分析其他需要多职能部门参与的约束性指标公共政策的执行过程提供了依据。

三　实践意义

本章对理解地方政府政策执行行为，尤其是多职能部门参与的政策执行启示如下：第一，明确了地方政府注意力在政策执行中的重要作用，并识别了地方政府的决策过程。地方政府重视调动了职能部门的积极性，改善了相关职能部门之间沟通协调困境，提高了地方政府环境政策执行效果。第二，建议地方政府应合理分配其有限的注意力。一般而言，当多重议程、多方利益都需要注意力以及注意力分配超过地方政府实际条件和能力时，地方政府注意力增加会导致执行行为的扭曲。第三，为理解地方政府象征性执行等行为提供了一个新的解释。中央政府应制定合理的激励制度，引导地方政府合理分配其有限的注意力。

四　研究局限与未来研究方向

首先，本章聚焦于多职能部门参与的约束性指标环境政策背景，针对 Z 县地方政府环境注意力如何影响政策执行行为的过程进行了深入研究。除了约束性指标环境政策，没有纳入"一票否决"制和不可量化的公共政策，可能执行过程并不相同。因此，本章的结论有待于在其他政策情境下进行检验和进一步拓展。其次，本章关注地方政府注意力如何影响环境政策执行行为。研究发现，截至2020 年年底，Z 县已基本完成政策任务，并引发了执行行为的变化。但是跟踪研究发现，随着 2021 年"十四五"规划的实施，Z 县分管生态环境领域的领导发生了更替，常务副县长不再负责环保工作，未来研究有必要从更长期的视角考察地方政府环境政策执行行为的转换路径。最后，本章选择以 Z 县环境政策执行过程开展嵌入式单案例研究，研究结果的可推广性有限。接下来需要实证研究的方法进一步验证单案例研究提出的研究命题。

第六节　本章小结

地方政府注意力会影响环境政策执行行为。基于注意力视角，对"地方政府环境注意力如何影响环境政策执行"这一问题展开嵌入式单案例研究，以 Z 县约束性指标环境政策执行为研究对象，本章研究发现地方政府的环境政策执行行为呈现注意力焦点下善政决策、注意力情境下邀功决策、注意力分配下避责决策三重决策逻辑，进而构建了"地方政府政策执行行为转换"模型，从"关注—解释—行动"3 个阶段系统阐释了地方政府注意力如何影响环境政策执行的内在逻辑。注意力对于执行行为转换的作用机制主要聚焦于组织决策的解释过程。本章研究深化了注意力影响地方政府政策执行行为机理的理解，对地方政府分配其有限的注意力资源具有重要启发意义。

第五章　理性行为体模式下的
政治性执行

　　本章采用中国地级行政区面板数据的因果推断分析方法验证第四章提出的研究命题1：理性行为体模式的善政决策下，地方政府环境注意力提高有利于环境政策执行。本章研究结果表明，中央生态环境保护督察制度通过影响地方政府环境注意力，保证了注意力质量，进而对地方政府环境政策执行质量具有显著正向影响。

第一节　引言

　　随着中央政府对环境问题的不断重视，中央政府和各级地方政府出台了一系列与环境保护相关的政策和制度。2015年7月中央全面深化改革领导小组提出建立环保督察工作机制，要求全面落实党委、政府环境保护"党政同责""一岗双责"的主体责任。2019年6月中共中央办公厅、国务院办公厅印发《中央生态环境保护督察工作规定》，首次以党内法规的形式确立了中央生态环境保护督察基本制度的框架、程序规范、权限责任等。但是，在"督企"到"督政"的制度转变背景下，地方政府是否只是延续之前的象征性执行等执行行为，抑或是转换了执行行为，提高了环境政策执行质量？如何进一步提升环境政策执行行为并保证政策目标的有效实现显得越来越重要。针对这一问题的有效解决，将有利于进一步理解中央生态环境保护督察制度的政治影响，并对推动中国公共政策执行的改革实践具有借鉴意义。

中央生态环境保护督察制度是实践研究和理论研究的重要难题（颜德如、张玉强，2021），其运行机制和特殊的作用已引起了国内外学者的广泛关注。第一类研究关注中央生态环境保护督察制度为何有效，即督察下地方政府环境政策执行行为的逻辑。首先，督察使地方政府根据自身资源与具体环境任务治理难度的匹配程度选择政策执行模式（庄玉乙、胡蓉，2020）。其次，执行模式的选择是基层政府缓和一统体制与有效治理矛盾的一种应对策略（崔晶，2020）。最后，执行策略下地方政府主动进行组织行为调适（韩艺等，2021），以实现内部权力资源结构变动（庄玉乙等，2019）。这部分研究侧重分析中央生态环境保护督察制度运作与效用逻辑，缺乏实证证据。

第二类研究通过计量模型来评估中央生态环境保护督察制度的作用，并运用双重差分模型从政府、企业和社会三个角度来分析其实施效果。第一，通过空气污染程度反映督察的政治效果。中央生态环境保护督察制度对空气质量指数、细颗粒物和可吸入颗粒物具有显著的负向效应（王岭等，2019），但也有观点认为该制度对细颗粒物、臭氧影响不显著（刘张立、吴建南，2019）。第二，通过企业行为研究中央生态环境保护督察制度。中央生态环境保护督察制度对地方潜在政企合谋有抑制作用，民营企业的高管若有公职，那么该制度会降低该企业的排污水平（王鸿儒等，2021），但也存在被督察地区的企业环境信息公开质量显著下降等问题（谢孟希、陈玲，2021）。第三，中央生态环境保护督察制度对公众环保参与的直接影响。中央生态环境保护督察制度与公众环保参与正相关且动员效应会不断扩大（郑思尧、孟天广，2021）。这部分研究间接分析中央生态环境保护督察制度下环境政策执行的结果，缺乏对环境政策执行行为直接影响的讨论。

本章的研究旨在探讨中央生态环境保护督察制度实施以来地方政府环境政策执行行为的变化，并以地级行政区为研究对象，检验现阶段该制度是否有效改善了地方政府环境政策执行行为，并解释其背后的影响机制。具体而言，根据中国 2011—2018 年地级行政区的面板数据，构建多期双重差分模型研究中央生态环境保护督察制度实施对于地方政府环境政策执行行为的影响，并进一步厘清可能的影响机制。研究发现，中央生态环境保护督察制度提高了地方政府的环境注意力，改善了地方政府决策环境，最终促进了地方政府环境政策有效执行。

本章的创新之处有以下三点：第一，从中国地级行政区层面切入，因果识别了中央生态环境保护督察制度影响环境政策执行行为的内在动力。既有研究或侧重于从空气污染程度来评估中央生态环境保护督察制度对环境政策结果的影响，或研究中央生态环境保护督察制度对企业和民众行为的影响，而本章则关注了中央生态环境保护督察制度对地方政府政策执行行为的影响，并着重分析了影响的动力源泉，发现环境政策有效执行离不开中央生态环境保护督察制度的实施。第二，进一步从注意力角度，揭示了中央生态环境保护督察制度影响注意力质量的潜在影响机制，中央生态环境保护督察制度保证了地方政府决策的效果。这有利于解释正式制度压力下地方政府的政治性执行等行为，并为有效执行环境政策提供实践经验。第三，丰富了中央生态环境保护督察制度影响效应等相关文献，并补充了实证证据。

第二节　理论机制与研究假设

"环保督察是行政督察的重要组成部分，是对行政机关及其工作人员履行环保职责、执行环保政策和法律情况的督促和监察"（张则行、何精华，2020）。本书聚焦中央层面的督察制度，即"中央生态环境保护督察"，研究中央生态环境保护督察制度对环境政策执行行为的影响。一方面，从制度本身来说，中央生态环境保护督察是生态环境治理领域的制度创新，先前的区域环保督查中心存在监管权威和威慑力不足等问题，这促使中国生态环境监管实现了从"督查"到"督察"的制度转变（陈晓红等，2020）。督察不仅纠正了地方管理目标的偏差，减少了央地关系中的信息不对称，还保证了环境政策有效执行，提升了环境政策执行质量（郁建兴、刘殷东，2020）。另一方面，从制度影响来说，中央生态环境保护督察制度是一种"督政型"的环境监管工具，具有运动式治理的元素（马原，2021）。中央生态环境保护督察制度既可以迫使地方政府集中组织资源在短时间内迅速完成上级交给的任务，也可以通过强化监督的方式保证地方政府政策的执行和责任的落实，从而使环境政策执行质量得以提升（刘张立、吴建南，2019）。

中央生态环境保护督察作为一种具有运动式治理元素的正式制度，其地位和作用显然非常重要。然而，不同于以往的分析，本书认为在中央生态环境保护督察制度实施和地方政府环境政策执行的过程中，起决定作用的是中央生态环境保护督察制度带来的正式制度压力。不同于非正式制度压力，中央生态环境保护督察制度的目的、重点、对象、主要内容、工作方式和工作步骤等更加明确（张则行、何精华，2020）。运动式治理下的非正式制度压力可能会诱发地方政府弄虚作假、政策变通、目标替换和监督机制难以奏效等问题（刘张立、吴建南，2019），这是因为上级政府重视的议题可能和地方政府及有关部门的发展目标并不一致，而区域环保督查中心身份的不明确也加大了对地方政府监察工作的难度。但是，中央生态环境保护督察则从制度设计上明确了督察对象，使督察重心由"督企"变为"督政"，与此同时，督察局执法地位的提升也解决了监督机构的执法问题（陈晓红等，2020）。因此，本书提出如下假设。

假设1：中央生态环境保护督察制度将提高地方政府环境政策执行质量，其污染物排放量在制度实施后会显著减少。

在影响机制方面，地方政府作为环境政策执行的直接执行方，将在环境政策执行中扮演重要角色。具体而言，中央生态环境保护督察制度通过吸引地方政府环境注意力，使其关注与环境保护相关的议题，解释执行中相关问题和信息，并寻找问题的解决方案（Ocasio，1997）。中央生态环境保护督察制度会把政策执行中存在的相关问题反馈给地方政府，使地方政府能够更有效地解释信息，这提高了决策的效率并保证了决策的结果，进而提升了环境政策执行质量。

与此同时，中央生态环境保护督察下"党政同责、一岗双责"的制度建设改变了地方政府的决策方式。具体而言，地方政府决策启动过程实现了从完成目标到解决问题的决策方式的转换，保证了决策的效果，提高了注意力的质量。一方面，中央生态环境保护督察制度建设既促进了地方政府生态治理的决策和执行逻辑，也保证了委托人行政意志在地方政府科层组织中的渗透（郁建兴、刘殷东，2020）；另一方面，中央生态环境保护督察制度有明确的程序规范和权限责任，这给予了地方政府更充足的决策时间，减少了揣测上级意志带来的风险。从这方面讲，中央生态环境保护督察正式制度压力下的环境政策有效执行离不开各级地方政府对环境问题的重视。基于此，本书进一步提出如下假设。

假设2：中央生态环境保护督察制度通过提高地方政府环境注意力对地方政府环境政策执行质量产生正向影响。

图5-1是本章研究的概念框架。

图5-1 本章概念框架

第三节 研究设计

一 样本划分及其选择

本章以2019年《中国城市统计年鉴》公布的292个地级行政区为基准样本，为了保证样本数据的可靠性，对基准样本做如下处理：通过深度学习相似词数据库和词向量模型测量并计算地方政府环境注意力，为确保文本分析的效度和信度，对未公布相关文本资料的地级行政区样本做剔除处理。经过上述筛选，最终获得了269个地级行政区2011—2018年的非平衡面板数据，共计1782个观测值，样本量占到全国地级行政区总量的92.12%。为了降低数据极端值对研究结果的影响，对控制变量经济增速在1%和99%百分位上进行了缩尾处理。

二 变量选择

（一）被解释变量

环境政策执行质量。本书以工业二氧化硫排放量的相反数来衡量环境政策执行质量。数字化的政策目标是一种硬约束，容易评估和考核。国务院在《"十二五"节能减排综合性工作方案》《"十三五"节能减排综合工作方案》中明确了各省（自治区、直辖市）的主要节能减排目标。各省级政府在国务院公布的约束性目标下，根据自身情况制定了各个地级行政区的节能减排目标。如"十二五"节能减排目标主要包括国内生产总值能耗、化学需氧量、二氧化硫排放量、氨氮和氮氧化物排放量的下降等。考虑数据获取可能性和结果解释方便性，本书以二氧化硫排放量的相反数来衡量环境政策执行质量。排放量相反数越大，表明地方政府环境政策执行的质量越高。

（二）解释变量

中央生态环境保护督察制度。本书基于年份维度来构建多期双重差分模型，来识别中央生态环境保护督察制度的政治影响。具体而言，本书基于督察的时间，如果样本所在地级行政区属于试点城市、第一批督察和第二批督察省份，那么确定 2016 年为制度发挥影响的年份，不属于则确定 2017 年为制度发挥影响的年份。

（三）中介变量

地方政府环境注意力。通过计算机辅助文本分析方法测量地级行政区对环境保护的关注程度。对政府工作报告进行深度的挖掘和研究，可以了解和掌握政府在不同时期的工作重点和关注焦点。本书通过深度学习数据库和词向量模型测量地方政府环境注意力。本书主要运用文构财经文本数据平台的中国政府文本数据库，在构建了环境关键词词表后，通过统计样本政府 2011—2018 年政府工作报告中包含的环境关键词词频来测量政府环境注意力。以下将对关键词词表构建过程和政府环境注意力测量展开详细论述。

第一，定义政府环境注意力，为后续环境关键词提取提供选择标准。政府环境注意力是指政府决策者配置到环境保护议题和解决方案上的注意力，以及对不同议题和解决方案的选择性注意。第二，根据变量定义提取关键词。根据《中华人民共和国环境保护法》，提取关键词："环境保护""环境改善""污染防治""公众健康""生态文明""可持续发展"。第三，通过文构财经文本数据平台的相似词数据库中的深度学习相似词模块获取上述种子词的相似词。将上述种子词导入文构财经文本数据平台的中国政府文本数据库深度学习相似词模块，取每个种子词相似度最高的前 30 个词作为该词的相似词词级结果，生成每个相似词的相似度和词频。第四，根据相似度，修正种子词。删除没有相似词的种子词，新增累计相似度大于 0.7 的相似词为种子词。第五，重复第三步和第四步，直到种子词和相似词趋于饱和。第六，剔除与环境议题无关的相似词。将上述种子词和相似词导入文构财经文本数据平台的中国政府文本数据库深度学习相似词模块，选择扩展词词频大于 100 的相似词作为关键词。第七，根据相似度和词频，并结合定义，确定最终关键词词表。关键词合并原则是：保留意思相似但词频更高的关键词，剔除影响测量效度和重复的关键词。最终关键词词表见表 5-1。第八，根据关键词词表，测量政府环境注意力。将关键词词表导入文构财经文本数据平台的中国政府文本数据库，统计每个词的词频，并按市—年加总，从而得到政府环境注意力词频，用环境注意力词频占总词频的比例计算地方政府环境注意力（胡楠等，2021）。环境注意力词频占政府工作报告总词频的比例越大，说明地方政府环境注意力越高。

本书采用文构财经文本数据平台的深度学习相似词方法测量政府环境注意力具有一定信度和效度。其一，测量指标的操作和流程规范，笔者在构建政府环境注意力关键词词表的过程中与环境保护领域的其他研究者进行了多轮探讨，最终结果能够得到大多数研究者的认可，可信性得到保证。其二，通过运用文构财经文本数据平台中的词向量模型方法量化政府工作报告中的文本信息，能够可靠地测量政府在环境保护方面的投入和关注程度。一方面，本书的测量文本为地方政府公布的政府工作报告，这一报告是地方政府发布的具有施政纲领性质的政策性文本，选取政府工作报告作为数据来源，能够保证注意力的来源有效；另一方面，在关键词词表构建的过程中，本书结合了机器学习和人工筛选两种方式构建政府环境注意力词表，能够保证词表的有效性。

表 5 – 1   政府环境注意力关键词

环境注意力定义	关键词
保护和改善环境	环境、资源、绿化、环保、节能、落后产能、能耗、降耗、耗能
防治污染和其他公害	污染、减排、低碳、排放、大气、治污、脱硫、水源、烟尘、排污
保障公众健康	宜居、水土、清洁、水体、蓝天
推进生态文明建设	生态、森林、流域、湿地、退耕还林、水资源、自然、植树造林、天然林、湖泊、生物、海洋、重金属
促进经济社会可持续发展	绿色、协调发展、科学发展、循环、可持续、绿水青山

资料来源：作者自制。

（四）控制变量

本书从经济发展、营商环境、人口规模和政府特征等方面引入控制变量。参考已有文献，本书选取如下控制变量。①经济发展。一般认为经济发展的激励与环境保护的激励是冲突的，本书用人均GDP来表示各地区的经济发展情况。②经济增速。经济增速放缓可能会减缓环境政策执行的压力，但同时可能会诱发地方政府进一步围绕GDP进行竞争，本书采用地区GDP增长率来表示。③外商投资规模。地方政府可能会为吸引外资而主动放松环境监管进而影响环境政策执行，本书以当年实际使用外资金额来测量该指标。④工业企业数。工业企业数反映了地方政府辖区内工业企业的聚集情况，是影响地方政府环境政策执行程度的重要指标（金刚、沈坤荣，2018），本书选取规模以上（主营业务收入2000万元以上）企业个数测量工业企业数。⑤人口密度。人口密度越大，当地生态的压力就越大，进而加大环境政策执行难度，本书以每平方公里内的常住人口数刻画人口密度。⑥财政收入规模。环境政策的执行需要资金支持，本书采用公共财政收入占GDP比重来表示财政收入规模。⑦政府规模。较大的政府规模可能导致组织人员重叠和职能划分不清，导致政策执行效率的降低和资源的浪费，本书用政府财政支出占GDP比重来表示政府规模（关斌，2020）。⑧工业化程度。本书用第二产业产值占GDP比重来衡量。表5-2列示了变量测量与来源。

表5-2　　　　　　　　　　　　　变量测量与来源

类型	名称	描述	数据来源
因变量	环境政策执行质量	工业二氧化硫排放量×（-1）	《中国城市统计年鉴》
自变量	中央生态环境保护督察制度	督察年份当期及以后取值为1，否则为0	生态环境部官网
中介变量	地方政府环境注意力	通过计算机辅助文本分析方法测量地级行政区对环境保护的关注程度	地市政府工作报告文构财经文本数据平台

续表

类型	名称	描述	数据来源
控制变量	经济发展	人均 GDP	《中国城市统计年鉴》
	经济增速	地区 GDP 增长率	
	外商投资规模	当年实际使用外资金额	
	工业企业数	规模以上（主营业务收入 2000 万元以上）企业个数	
	人口密度	每平方公里内的常住人口数	
	财政收入规模	公共财政收入/GDP	
	政府规模	政府财政支出/GDP	
	工业化程度	第二产业产值/GDP	

资料来源：作者自制。

三　模型设定

由于中央生态环境保护督察制度在不同省份实施的时间不一致，因此本书采用多期 DID（Time-Varying DID）模型。为了研究中央生态环境保护督察制度对环境政策执行质量的影响效应，本书构建如下计量模型：

$$Y_{it} = \alpha + \mu_i + \lambda_t + \theta D_{i,t} + \beta X_{i,t} + \varepsilon_{i,t} \qquad (5-1)$$

其中，Y_{it} 表示 t 时期 i 市的环境政策执行质量。为了方便解释，这里用工业二氧化硫排放量相反数来衡量；$D_{i,t}$ 为虚拟变量，用来衡量中央生态环境保护督察制度。当 t 时期督察组进驻 i 市所属的省份时，则此后时期取值为 1，否则，取值为 0。μ_i 和 λ_t 分别用于控制时间固定效应和个体固定效应；$X_{i,t}$ 表示随时间和个体变化的控制变量；β 是控制变量的系数；$\varepsilon_{i,t}$ 为随机误差项；θ 是关注的估计系数，其政策含义在本模型中为中央生态环境保护督察制度对各地级行政区环境政策执行质量的影响。

第四节　实证结果与分析

一　描述性统计

表 5 - 3 是样本期内回归模型中所包含变量描述性统计分析。由表 5 - 3 可以看出,环境政策执行质量的均值为 - 45.373,表明地方政府二氧化硫排放量平均值为 45.373 千吨;地方政府环境注意力均值为 0.017,表明地方政府环境注意力关键词词频占比为 1.7%。地方政府工作报告中,除了环境保护的描述外,还包括政治稳定、经济发展、社会安全和科技进步等方面的描述。

表 5 - 3　　　　　　　　变量描述性统计分析

变量名称	样本量	均值	标准差	最小值	最大值
环境政策执行质量	1782	- 45.373	50.332	- 531.34	- 0.212
中央生态环境保护督察制度	1782	0.292	0.455	0.000	1.000
地方政府环境注意力	1782	0.017	0.004	0.003	0.033
经济发展	1776	52084.130	34393.400	8157.000	467749.000
经济增速	1778	8.993	3.497	- 4.200	16.850
外商投资规模	1719	106307.000	241958.700	8.000	3082563
工业企业数	1778	1316.996	1544.568	27.000	10776.000
人口密度	1782	451.054	338.139	5.100	2648.110
财政收入规模	1780	0.093	0.072	0.024	1.705
政府规模	1780	0.239	0.248	0.044	3.875
工业化程度	1780	48.324	10.169	13.570	82.050

资料来源:作者整理。

二　基准回归

本部分通过构建多期双重差分模型来评估中央生态环境保护督

察制度对地方政府环境政策执行质量的影响。参考先前研究（Beck et al.，2010），在模型中控制个体固定效应产生地区虚拟变量，控制时间固定效应产生时间虚拟变量。表 5 – 4 中模型 1 是没有加入其他相关因素的估计结果，模型 2 是加入控制变量后的估计结果。由表 5 – 4 可以看出，在控制了个体和时间固定效应后，在加入控制变量后的模型 2 中，中央生态环境保护督察制度虚拟变量的回归系数显著为正，且在 5% 的显著性水平上显著，说明中央生态环境保护督察制度实施对地方政府环境政策执行质量的提高具有显著推动作用，假设 1 得到验证。

表 5 – 4　中央生态环境保护督察制度实施对环境政策执行质量的
直接效应检验

变量	模型 1	模型 2
中央生态环境保护督察制度	4.741 (3.256)	6.992 ** (3.412)
控制变量	否	是
时间效应	是	是
个体效应	是	是
常数项	– 16.982 *** (3.128)	14.265 (14.453)
N	1782	1709
R^2	0.138	0.191

注：括号内为聚类稳健标准误，*** 、** 分别表示在 1% 、5% 的显著性水平上显著。

三　平行趋势检验

本书在基准分析中评估了中央生态环境保护督察制度对地方政府环境政策执行质量的因果效应，为了证明研究结果的有效性，平行趋势检验是必要的。虽然中央生态环境保护督察制度实施的时间点并不是统一的，但是每个地级行政区进入实验组都有一个明确的时间点。为了观察中央生态环境保护督察制度动态的政策效果，多期双重差分模型可以通过比较当前年份与该地级行政区个体的政策时间点，进而得到该地级行政区的前几期到后几期（Beck et al.，2010）。具体而言，多期双重差分模型运用事件研究法所需要的是相对的时期，即观测中央生态环境保护督察制度效果在地级行政区接受处理的前几期和后几期的变化。

　　图 5 - 2 是多期双重差分模型的平行趋势检验结果。由图 5 - 2 可知，在处理前的 3 期，每期的虚拟变量的系数均与 0 无显著差别，说明满足平行趋势假设。在处理后的 2 期，每个时期的虚拟变量系数均大于 0，表明中央生态环境保护督察制度实施对于环境政策执行质量提高有增强效应。

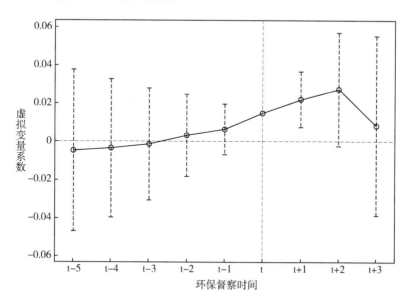

图 5 - 2　多期双重差分模型的平行趋势检验

第五节 稳健性检验

一 安慰剂检验

首先，将数据按照省份分组，然后在每个省份组内的时间变量中随机抽取一个年份作为其政策时间，据此构造环保督察时间—地级行政区两个层面随机试验。对基准模型进行回归，并根据虚假试验得到的基准回归系数（伪政策虚拟变量）的概率来判断结论的可靠性。为了增加检验的效力，将上述过程重复 500 次并画出中央生态环境保护督察制度的估计系数分布图 5-3，基于此来验证是否有除中央生态环境保护督察制度因素以外的其他因素影响环境政策执行质量。由图 5-3 可知，虚假的双重差分线的估计系数集中分布于 0 附近，意味着模型中不存在严重的遗漏变量问题，也就是说基准分析中的政策效应确实是来自中央生态环境保护督察制度的实施，中央生态环境保护督察制度实施显著提高了地方政府环境政策执行质量的研究结论依旧稳健。

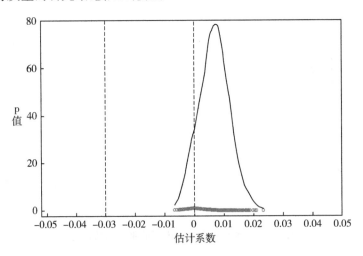

图 5-3 多期双重差分模型的安慰剂检验

　　其次，双重差分模型成立的一个重要条件是中央生态环境保护督察制度实施的时间是否随机。本书将 2016 年和 2017 年以前的年份分别设置为中央生态环境保护督察制度实施时间进行安慰剂检验（Draca et al.，2011），回归系数显著则说明制度实施前存在预期效应（许明、李逸飞，2020）。表 5 - 5 是安慰剂检验的结果，由表5 - 5 可知，无论是将中央生态环境保护督察制度实施时间提前一年，还是提前两年或三年，其对应回归系数均不显著，这表明 2016年和 2017 年中央生态环境保护督察制度的实施对环境政策执行质量不存在明显的预期效应。

表5 - 5　中央生态环境保护督察制度实施对环境政策执行质量的
安慰剂检验

变量	提前 1 年		提前 2 年		提前 3 年	
	模型 1	模型 2	模型 3	模型 4	模型 5	模型 6
中央生态环境保护督察制度	2. 295 (1. 996)	0. 673 (2. 583)	1. 777 (1. 700)	0. 811 (2. 312)	0. 045 (1. 663)	- 0. 810 (2. 284)
控制变量	否	是	否	是	否	是
时间效应	是	是	是	是	是	是
个体效应	是	是	是	是	是	是
常数项	- 12. 129 *** (2. 316)	19. 856 (14. 210)	- 12. 111 *** (2. 316)	19. 832 (14. 208)	- 12. 237 *** (2. 262)	20. 196 (14. 215)
N	1782	1709	1782	1709	1782	1709
R^2	0. 137	0. 188	0. 137	0. 187	0. 138	0. 189

　　注：括号内为聚类稳健标准误，*** 表示在 1% 的显著性水平上显著。

二　考虑同期干扰政策影响

　　为了保证环境政策执行的质量，中央政府在实施中央生态环境保护督察制度的同时，也对某些地方政府进行了环保约谈。由于环保约谈有县区一级的行政单位，而本书的样本单位为地级行政区，故约谈为县一级的地区不纳入考量范围。表 5-6 是环保约谈地级行政区汇总。剔除环保约谈的地级行政区样本后的估计结果（陈晓红等，2020）如表 5-7 所示。由表 5-7 可知，系数依然显著为正，再次说明了研究结果的稳健性和研究结论的可靠性。

表 5-6 环保约谈地级行政区汇总

约谈时间	约谈地级行政区	约谈数量（个）
2014 年	湖南省衡阳市、河南省安阳市、贵州省六盘水市、黑龙江省哈尔滨市、辽宁省沈阳市、云南省昆明市	6
2015 年	吉林省长春市、河北省沧州市、山东省临沂市、河北省承德市、河南省驻马店市、河北省保定市、山西省吕梁市、四川省资阳市、江苏省无锡市、安徽省马鞍山市、河南省郑州市、河南省南阳市、广西壮族自治区百色市、甘肃省张掖市、青海省海西蒙古族藏族自治州、山东省德州市	16
2016 年	山西省长治市、安徽省安庆市、山东省济宁市、河南省商丘市、陕西省咸阳市、山西省阳泉市、陕西省渭南市、山西省吕梁市	8
2017 年	山西省临汾市、吉林省四平市、吉林省公主岭市、江西省景德镇市、河北省衡水市、山东省淄博市、河南省荥阳市、河北省邯郸市、黑龙江省哈尔滨市、黑龙江省佳木斯市、黑龙江省双鸭山市、黑龙江省鹤岗市	12
2018 年	山西省晋城市、河北省邯郸市、山西省阳泉市、广东省广州市、广东省江门市、广东省东莞市、江苏省连云港市、江苏省盐城市、内蒙古自治区包头市、浙江省温岭市、广西壮族自治区玉林市、江西省宜春市、辽宁省锦州市、吉林省延边朝鲜族自治州、江苏省镇江市、安徽省宣城市、云南省丽江市、云南省西双版纳傣族自治州、山西省临汾市	19

资料来源：作者整理。

表 5-7 中央生态环境保护督察制度实施对环境政策执行质量的稳健检验（删除环保约谈地区）

变量	模型1	模型2
中央生态环境保护督察制度	5.525 (3.372)	7.734 ** (3.470)
控制变量	否	是

续表

变量	模型1	模型2
时间效应	是	是
个体效应	是	是
常数项	-17.616^{***} (3.371)	14.789 (14.712)
N	1738	1666
R^2	0.136	0.193

注：括号内为聚类稳健标准误，$***$、$**$分别表示在1%、5%的显著性水平上显著。

第六节　影响机制分析

前文的实证分析结果表明，中央生态环境保护督察制度对于环境政策执行质量的提高具有显著的积极影响，即有效改善了地方政府环境政策执行行为，这也符合近些年来中国大力推进中央生态环境保护督察制度常态化的大方向。接下来，本书将考察中央生态环境保护督察制度实施过程中地方政府注意力的潜在作用，据此来进一步讨论其可能的影响机制。

通常而言，地方政府注意力对环境政策有效执行具有重要作用（刘军强、谢延会，2015；庞明礼，2019）。中央生态环境保护督察制度的实施吸引了地方政府环境注意力，通过改善地方政府决策环境，最终促进了环境政策有效执行。基于上述逻辑，本书认为中央生态环境保护督察制度实施通过提高地方政府环境注意力进而促进环境政策有效执行。接下来，本书设定地方政府环境注意力为中介变量，进行中介效应检验。具体而言，使用地方政府环境注意力来衡量地方政府对环境保护议题的重视程度，地方政府环境注意力越高表示地方政府对环境保护议题越重视。

一　直接影响

分析中央生态环境保护督察制度对地方政府环境注意力的直接影响（陈胜蓝、刘晓玲，2019）。若回归系数显著为正，则表明中央生态环境保护督察制度实施显著提高了地方政府环境注意力，为地方政府重视作为中央生态环境保护督察制度提高环境政策执行质量的作用渠道提供了经验证据。表5－8中模型1和模型2是中央生态环境保护督察制度对地方政府环境注意力影响的直接效应检验。模型1是没有加入控制变量的统计结果，模型2是考虑了其他相关因素后的估计结果。在加入控制变量并控制时间和个体固定效应的模型2中，中央生态环境保护督察制度虚拟变量的回归系数显著为正，且在5%的显著性水平上显著，说明中央生态环境保护督察制度对地方政府环境注意力的提高具有显著推动作用。图5－4是影响机制双重差分模型的平行趋势检验。

表5－8　　　　中央生态环境保护督察制度实施对
地方政府环境注意力的直接效应检验

变量	模型1	模型2
中央生态环境保护督察制度	0.001 * （0.000）	0.001 ** （0.000）
控制变量	否	是
时间效应	是	是
个体效应	是	是
常数项	0.017 *** （0.001）	0.022 *** （0.002）
N	1782	1709
R²	0.045	0.017

注：括号内为聚类稳健标准误，***、**、*分别表示在1%、5%、10%的显著性水平上显著。

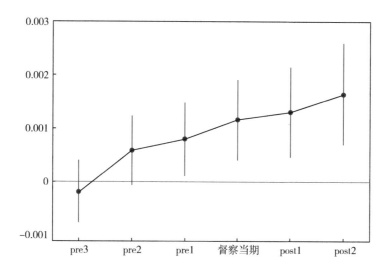

图 5 - 4　影响机制双重差分模型的平行趋势检验

二　间接影响

把地方政府环境注意力作为中介变量，并参考现有研究（王雄元、卜落凡，2019），构造中介效应模型方程组如下所示：

$$Y_{i,t} = c \times Treat_{i0} + Controls_{i0} + \mu_{it} \qquad (5-2)$$

$$Attention_{it} = a \times Treat_{i0} + Controls_{i0} + \varepsilon_{it} \qquad (5-3)$$

$$Y_{i,t} = c' \times Treat_{i0} + b \times Attention_{it} + Controls_{i0} + V_{it} \quad (5-4)$$

式中，$Y_{i,t}$表示环境政策执行质量，以 2010—2018 年二氧化硫排放量的相反数度量；$Treat_{i0}$表示地级行政区基期受到的中央生态环境保护督察制度强度；$Attention_{it}$表示 2010—2018 年的地方政府环境注意力，使用环境关键词词频来度量；$Controls_{i0}$为控制变量，与基准模型中的控制变量一致。方程中，系数 c 捕捉中央生态环境保护督察制度对环境政策执行质量的净效应；系数 a 捕捉中央生态环境保护督察制度对地方政府环境注意力的影响；系数 b 分离地方政府环境注意力对环境政策执行质量的影响；系数 a 和 b 的乘积为中介效应,识别中央生态环境保护督察制度对环境政策执行质量的间接效应;系数 c' 为剔除注意力效应后,中央生态环境保护督察制度对环境政策执行质量的剩余效应,用来识别直接效应。

本书采用依次检验法来检验地方政府环境注意力的中介效应(王雄元、卜落凡,2019),具体检验结果如表 5 – 9 所示。第一,进行中央生态环境保护督察制度对环境政策执行质量的基本回归,由表 5 – 9 第(1)列可知,中央生态环境保护督察制度显著影响环境政策执行质量。第二,进行中央生态环境保护督察制度对地方政府环境注意力影响效应的回归检验,由表 5 – 9 第(2)列可知,中央生态环境保护督察制度显著影响地方政府环境注意力。第三,把中央生态环境保护督察制度和地方政府环境注意力同时看作核心解释变量对环境政策执行质量进行回归,由表 5 – 9 第(3)列可知,中央生态环境保护督察制度显著影响环境政策执行质量,而地方政府环境注意力对环境政策执行质量的影响不显著。第四,sobel 检验发现,地方政府环境注意力在中央生态环境保护督察制度对环境政策执行质量作用间有着部分中介效应。假设 2 中央生态环境保护督察制度通过提高地方政府环境注意力对地方政府环境政策质量执行产生正向影响得以验证。

表 5 – 9　中央生态环境保护督察制度实施对环境政策执行质量的
中介效应检验

	(1) 环境政策执行质量	(2) 地方政府环境注意力	(3) 环境政策执行质量
中央生态环境 保护督察制度	6.992 ** (3.412)	0.001 ** (0.000)	6.847 ** (3.417)
地方政府环境注意力	—	—	150.375 (190.556)
控制变量	是	是	是

续表

	(1) 环境政策执行质量	(2) 地方政府环境注意力	(3) 环境政策执行质量
时间效应	是	是	是
个体效应	是	是	是
常数项	14.265 (14.453)	0.022 *** (0.002)	11.032 (15.024)
N	1709	1709	1709
R^2	0.191	0.017	0.186
Sobel 检验	—	—	−0.383 * (−1.677)

注：括号内为聚类稳健标准误，*** 、** 、* 分别表示在1%、5%、10%的显著性水平上显著。

第七节 结论与启示

一 研究结论

本章研究以中国地级行政区为研究对象，对地方环境政策执行行为进行分析，探讨了中央生态环境保护督察制度是否促进了地方政府环境政策执行质量的提高。本章的研究发现，中央生态环境保护督察制度的实施对地方政府环境政策执行质量的提升具有显著的促进作用。上述结论通过了平行趋势检验、安慰剂检验、同期干扰政策影响等稳健性检验。进一步研究发现，中央生态环境保护督察制度实施提高了地方政府环境注意力，改善了地方政府决策环境，最终促进了地方政府环境政策有效执行。

需要说明的是，由于数据获取的局限性，本章评估的是中央生态环境保护督察制度对环境政策执行质量的短期效应，而事实上中央生态环境保护督察制度效应的全貌可能需要更长时期来进行检验。因此，未来的研究方向可以对中央生态环境保护督察制度的长期效应进行评估。

二　政策建议

第一，加强中央生态环境保护督察的制度建设。中央生态环境保护督察制度的实施标志着中国生态环境监管体系由"督企"向"督政"的改变，地方政府考核评价的重要依据之一就是督察结果。这一正式制度的实施不仅提高了地方政府环境注意力，也进一步改善了地方政府决策环境，从而推动了环境政策的高质量执行。因此，继续加快推进中央生态环境保护督察制度建设，并在环境政策执行过程中充分发挥中国制度的优势，将有利于确保环境政策的高质量执行。

第二，增加中央生态环境保护督察制度与现有制度的嵌入融合。在实施中央生态环境保护督察制度的过程中，需要充分发挥好现有各种制度的作用，促进多种制度的整合。一方面，基于现有的环境保护制度和政策，强化各个参与方的沟通和协调渠道，防止出现政策间的冲突。另一方面，中央生态环境保护督察制度实施应考虑地区实际情况，拒绝"一刀切"等行为。在这一过程中，需要进一步关注并持续探索如何更好地实现中央生态环境保护督察制度与现有生态环境监管制度的嵌入和融合。

第三，完善中央生态环境保护督察制度软环境及配套设施水平。事实上，各个地方政府的地理区位和面临的污染情况各不相同。因此，进一步明确中央生态环境保护督察制度的配套设施将有利于更好地实现环境政策执行质量的全面提升。具体而言，经济发达地区要充分发挥好领头作用，积极探索相关环境治理模式；经济欠发达地区要配套更完善的资金和设备等资源，为环境政策有效执行提供强有力的保障。

第八节　本章小结

中央生态环境保护督察制度提高了地方政府环境注意力，也推动了中国环境政策的有效执行。然而，这一执行质量的提升源自上级政府重视的压力还是中央生态环境保护督察制度的压力，即中央生态环境保护督察制度是否促进了地方政府环境政策有效执行？针对这一问题的研究将有利于进一步厘清中央生态环境保护督察制度推动地方政府环境政策执行的内在动力。本章基于 2011—2018 年中国 269 个地级行政区面板数据，运用多期双重差分模型评估了中央生态环境保护督察制度对地方政府环境政策执行行为的因果效应，并识别了注意力的潜在影响机制。研究结果表明：第一，中央生态环境保护督察制度显著促进了地方政府的环境政策有效执行。第二，考虑内生性分析、样本选择性偏误及安慰剂检验后结论依旧稳健。第三，中央生态环境保护督察制度提高了地方政府环境注意力，改善了地方政府决策环境，注意力质量提高保证了地方政府环境政策执行行为的有效性。本章对于进一步理解中央生态环境保护督察制度的政治效果，以及对中国环境政策执行行为的政策实践都具有借鉴意义。

第六章　组织行为模式下的变通性执行

本章验证第四章提出的研究命题2：组织行为模式的邀功决策下，受非正式制度压力和政府规模的影响，地方政府会变通性执行政策。本章研究发现，非正式制度压力过高和政府规模过大，会降低地方政府环境注意力与环境政策执行力之间的正向关系。

第一节　引言

"公共政策究竟是如何执行的"，针对这一公共管理领域中的基本议题，当前研究观点和视角有如下三种：一是利益决定论，认为政策执行是由政策所体现意志背后的各种利益决定的，政策执行就是正确认识和处理好不同利益间的冲突和矛盾（丁煌，2004）。二是环境决定论，主张政策执行是地方政府根据不同的实际情况，主动进行理性选择的变通性执行（庄垂生，2000）。三是委托—代理视角，试图整合上述两个不同的视角，提出政策执行是环境影响和地方政府综合作用的结果，是地方政府面临中央—统体制与地方有效治理矛盾的一种应对机制（周雪光、练宏，2011）。此外，学者也围绕着政策执行理论、官员激励理论、政策执行影响因素及对策进行了探讨。尽管借鉴组织理论中的有关概念和框架模型来研究政策执行突出了组织因素对政策执行的重要性（丁煌、定明捷，2010），但目前国内公共管理领域学界对注意力基础观这一理论视角知之、用之较少（张明等，2018）。

中国地方政府的政策执行行为和注意力有着深刻和复杂的关系。在组织学领域非常有影响的研究是关于组织注意力的研究，注意力基础观认为组织是有限理性的。国内注意力的研究有两个基本脉络：一是将注意力作为一种话语方式，二是将注意力视为一种测量方式（陶鹏、初春，2020）。前者认为，注意力是一种稀缺资源，地方政府注意力影响着议题识别（李宇环，2016）、议题竞争（练宏，2016；赖诗攀，2020）、政策执行行为（张程，2020；陈晓运，2019）与政策执行结果（申伟宁等，2020）等；后者研究注意力在某项或某类政策上的分配，如领导更替前后政策议题的差异性（陶鹏、初春，2020）、领导人注意力的变动机制（陈思丞、孟庆国，2016）、生态环境注意力的变化规律（王印红、李萌竹，2017）、政府职能转变的注意力配置（郭高晶、孟溦，2018）、中国政府推进基本公共服务的注意力（文宏，2014）等。

上述理论文献虽然从不同的角度解释了注意力和政策执行的某些特征，但都存在各自的问题和局限。比如，政策注意力和组织注意力的混用，这主要体现在两个方面：第一，政策注意力以政策本身为研究主体。政策注意力关注政策变迁并试图检验是否存在间断平衡过程，这与组织注意力强调注意力影响行为的逻辑并不相同。第二，政策过程理论中的决策视角不适合中国情境。在中国的府际关系中，真正的政策执行部门对政策的制定没有决策权，而是一种执行中的再决策。练宏（2016）和赖诗攀（2020）等提出的注意力竞争理论虽然在一定程度上解释了地方政府公共政策执行的行为特征，但是这些研究建立在相关议题竞争到注意力以后，地方政府有能力完成各项政策之上，是一种理想的政策执行行为。尽管有研究概括了注意力变化的趋势（曾润喜、朱利平，2021），却没有解释这种变化带来什么后果。陶鹏提出的政治注意力试图将注意力研究回归注意力基础观理论（陶鹏，2019），但政府的注意力基础观在概念上仍有很多不清晰之处。比如，它如何区别于企业的注意力基础观？中国情境下有哪些独特的因素会影响政府公共政策执行行为？尤为关键的是，注意力程度对公共政策执行行为到底有何种影响也不清楚。

关于公共政策执行行为也存在一些现象需要进一步解释。首先，中央政府对环境问题愈发重视，出台了一系列政策和制度来保护环境，并开展了轰轰烈烈的环境整治运动。但是，地方政府仍存在象征性执行等现象。如何解释地方政府执行行为所经历的这些变化？其次，环境政策存在超额执行的现象，但是为什么领导高度重视反而会导致政策终结甚至走向失败？最后，为什么地方政府会出现变通性执行等现象？即基层政府间存在共谋等行为，并通过数据造假等来应付上级政府的检查（周雪光，2008）。

关于如何解决中国政策执行中存在的问题，有研究认为中国政治体制下领导高度重视能够充分发挥"政治势能"的优势，推动政策执行和落地（贺东航、孔繁斌，2019）。然而，只要领导重视就能产生好的政策执行结果吗？为什么在有些领域领导重视可以取得成功，如疫情防控、灾害救援和竞技体育等，但是在环境保护和食品安全等领域却是相对失败的？在这些领域，中央政府制定了各种政策和制度来约束地方政府行为，甚至将一些议题纳入"一票否决"来吸引地方政府注意力，但收效有限。为什么中国疫情防控可以取得举世瞩目的胜利，而环境污染问题却迟迟无法解决？中国公共政策执行行为究竟由什么因素决定?

第二节　理论分析与假设提出

一　非正式制度压力的调节作用

根据注意力基础观，地方政府的决策同时受到注意力焦点和注意力情境的影响，即特定的社会环境和背景会影响决策者的注意力分配和如何决策（Ocasio，1997，2011）。随着上级政府注意力的增加，地方政府会感受到更大的压力。虽然这种压力有利于促进环境政策的有效执行，但从长期来看，过高的压力不利于环境政策的有效执行，甚至会削弱环境政策执行力。

首先，非正式制度压力高的地方政府会面临更多风险和不确定性带来的压力，在组织内部形成紧张的决策环境。在复杂的决策环境下，注意力质量是影响决策效果的重要因素，而非正式制度压力则影响决策的时间。其次，面对复杂的地方实际情况，地方政府要想实现一统体制下的有效治理，必须选择合适的执行行为以适应地方实际需要，而压力下的目标考核会导致地方政府的数字悬浮和向上看齐等问题（王雨磊，2016）。最后，地方政府面临多重考核任务，加之纳入"一票否决"的考核事项越来越多，这势必加大了注意力有效分配的难度。而非正式制度压力下的层层加码，也会导致共谋等行为的产生。

此外，地方政府注意力的配置过程是环境中的各种信息得到地方政府关注的过程，而地方政府制定和选择的执行模式能否被组织采纳并落实到地方政府实际行动中，则会受到地方政府决策情境的影响。上级政府越重视，环境政策执行的压力越大，决策环境就越紧张。上级政府选择的环境议题可能并不容易被地方政府接受并落实到实际行动中，即非正式制度压力在地方政府环境注意力和环境政策执行力之间发挥负向调节作用。基于以上分析，提出以下假设。

假设3：非正式制度压力会弱化地方政府环境注意力对环境政策执行力的积极作用，即非正式制度压力越大，地方政府环境注意力与环境政策执行力之间的正向关系越弱。

二 政府规模的调节作用

较大的组织规模会增加组织冗员，致使机构设置和职能划分产生交叉和重叠。在中国的行政体制中，随着组织规模的扩大，地方政府内部会逐级形成制度化和标准化的流程习惯和惯例。虽然这种习惯和惯例有利于地方政府内部有条不紊地运行，保持政策的执行，但从长期来看，随着地方政府要处理事项的增加，组织规模过大不利于环境政策的有效执行。一方面，随着组织规模的增加，地方政府重视环境保护议题会增加职能部门间沟通和协调的成本；另一方面，职能部门间权责不清也会影响政策执行的效果。因此，即使地方政府意识到应该采取相应的环境解决方案以应对地方政府环境问题，但是如果地方政府规模太大，会导致地方政府领导难以行使权力，那么地方政府对于环境政策的影响也仅仅停留在意识层面而无法落实，最终环境政策执行力将会被极大削弱。

相反，如果地方政府领导自身并没有意识到组织内部情境对环境政策执行的影响，同时由于地方政府规模过大导致地方政府领导精力受限，那么环境政策执行力的强度将会被进一步削弱。较高的地方政府环境注意力能够帮助地方政府领导更快识别出环境变化对地方政府的影响，从而形成灵活的策略并进行回应。但是，如果地方政府规模太大，会使得地方政府领导的意识难以转化为实际行动，从而影响环境政策执行效果，因此地方政府规模会弱化地方政府环境注意力对环境政策执行力的促进作用。基于以上分析,提出以下假设。

假设 4:地方政府规模会弱化地方政府环境注意力对环境政策执行力的积极作用,即政府规模越大,地方政府环境注意力与环境政策执行力之间的正向关系越弱。

图 6 – 1 是本章研究的概念框架。

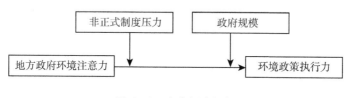

图 6 – 1 本章概念框架

第三节 研究设计

一 样本划分及其选择

本章以 2019 年《中国城市统计年鉴》公布的 292 个地级行政区为基准样本,为了保证样本数据的可靠性,对基准样本做如下处理:第一,测量环境政策执行力时,选取节能减排目标的完成情况作为代理变量,地方政府节能减排目标可以基于手工收集,但部分地级行政区并未公布节能减排目标。由于缺少具体目标,从而无法衡量执行力的好坏,因此需要对缺失目标数据的样本做剔除处理。第二,通过深度学习相似词数据库和词向量模型测量并计算地方政府环境注意力,为确保文本分析的效度和信度,对于相关文本资料未公布的地级行政区样本做剔除处理。经过上述筛选,最终获得了259 个地级行政区 2011—2018 年的非平衡面板数据,共计 1676 个观测值,样本量占到全国地级行政区总量的 88.70%。第三,为了降低数据极端值对研究结果的影响,对因变量和控制变量经济增速在1%和99%百分位上进行了缩尾处理。

二 变量选择

（一）被解释变量

环境政策执行力。本书以各省（自治区、直辖市）"十二五""十三五"时期的节能减排综合性工作方案中下达到各地级行政区的二氧化硫减排目标完成情况作为环境政策执行力的代理变量。数字化的政策目标是一种硬约束，较易评估和考核。各省（自治区、直辖市）政府在国务院公布的约束性目标下，根据自身情况制定了各个地级行政区的目标。二氧化硫减排目标来源于各地区的节能减排工作方案、环境保护规划、主要污染物总量减排实施方案，借鉴已有研究，用5年减排目标的平均值代表每年目标减排率（Tang et al.，2016）。上级制定的节能减排目标有正数、负数和零，如果用实际减排率除以目标减排率，会出现计算错误；如果用实际减排率与目标减排率之差计算环境政策执行力，会出现执行力高低相反的后果。因此，本书以当年二氧化硫实际减排率相反数与目标减排率相反数之差来衡量环境政策执行力，差值越大，表明环境政策执行力越高。计算公式是：［（当年二氧化硫排放量－前一年排放量）／前一年排放量］×（－1）－目标减排率×（－1）。

（二）解释变量

地方政府环境注意力。通过计算机辅助文本分析方法测量地级行政区对环境保护的关注程度。本书主要运用文构财经文本数据平台的中国政府文本数据库，通过统计样本政府2011—2018年政府工作报告中包含的环境关键词词频来测量政府环境注意力。关键词词表构建过程和政府环境注意力测量步骤与第五章一致。将关键词词表导入文构财经文本数据平台的中国政府文本数据库，统计每个词的词频，并按市—年加总，从而得到政府环境注意力词频。环境注意力词频占政府工作报告总词频的比例越大（胡楠等，2021），说明地方政府环境注意力越高。

（三）调节变量

1. 非正式制度压力。通过计算机辅助文本分析方法测量省级行政区对环境保护的关注程度。2. 政府规模。较大的政府规模可能导致组织人员重叠和职能划分不清，导致政策执行效率的降低和资源的浪费，本书用政府财政支出占 GDP 的比重来表示政府规模（关斌，2020）。

（四）控制变量

本书从经济发展、营商环境、人口规模和政府特征等方面引入控制变量。①经济发展。一般认为经济发展的激励与环境保护的激励是冲突的，本书用人均 GDP 来表示各地区的经济发展情况。②经济增速。经济增速放缓可能会减缓环境政策执行的压力，但是同时可能会诱发地方政府进一步围绕 GDP 进行竞争，本书采用地区 GDP 增长率来表示。③外商投资规模。地方政府可能会为吸引外资而主动放松环境监管进而影响环境政策执行，本书以当年实际使用外资金额来测量该指标。④工业企业数。工业企业数反映了地方政府辖区内工业企业的聚集情况，是影响地方政府环境政策执行程度的重要指标（金刚、沈坤荣，2018），本书选取规模以上（主营业务收入 2000 万元以上）企业个数测量工业企业数。⑤人口密度。人口密度越大，当地生态的压力就越大，进而加大环境政策执行难度，本书以每平方公里内的常住人口数刻画人口密度。⑥财政收入规模。环境政策的执行需要资金支持，本书采用公共财政收入占GDP 的比重来表示财政收入规模。⑦工业化程度。本书用第二产业产值占 GDP 比重来衡量。变量的定义与数据来源见表 6 – 1。

表 6 – 1　　　　　　　　变量定义与数据来源

类型	名称	描述	数据来源
因变量	环境政策执行力	［（当年工业二氧化硫排放量－上一年排放量）／上一年排放量］×（-1）-目标减排率×（-1）	《"十二五"节能减排综合性工作方案》《"十三五"节能减排综合工作方案》《国家环境保护"十二五"规划》《"十三五"生态环境保护规划》各省份主要污染物总量减排实施方案《中国城市统计年鉴》
自变量	地方政府环境注意力	通过计算机辅助文本分析方法测量地级行政区对环境保护的关注程度	地市政府工作报告文构财经文本数据平台
调节变量	非正式制度压力	通过计算机辅助文本分析方法测量省级行政区对环境保护的关注程度	省政府工作报告文构财经文本数据平台
调节变量	政府规模	政府财政支出/GDP	《中国城市统计年鉴》
控制变量	经济发展	人均 GDP	《中国城市统计年鉴》
控制变量	经济增速	地区 GDP 增长率	
控制变量	外商投资规模	当年实际使用外资金额	
控制变量	工业企业数	规模以上（主营业务收入2000 万元以上）企业个数	
控制变量	人口密度	每平方公里内的常住人口数	
控制变量	财政收入规模	公共财政收入/GDP	
控制变量	工业化程度	第二产业产值/GDP	

资料来源：作者自制。

三　模型设定

本书选择面板数据固定效应模型进行分析，原因在于：不同地区间的异质性导致某些遗漏变量不随时间变化但随地区变化（关斌，2020）；且 Hausman 检验的 P 值小于 0.01，说明在 99% 的显著性水平下拒绝了随机效应模型的原假设。

第四节　实证结果与分析

一　描述性统计

表 6-2 是 2011—2018 年样本地方政府环境政策执行力的描述性统计。由表 6-2 可以看出，环境政策执行力的均值为 0.106，表明大多数地方政府较好地完成了政策目标；地方政府环境注意力均值为 0.017，表明地方政府环境注意力关键词词频占比为 1.7%。地方政府工作报告中，除了对环境保护的描述外，还包括对经济发展、社会安全和科技进步等方面的描述。

表 6-2　　　　　　　　　变量描述性统计分析

变量名称	样本量	均值	标准差	最小值	最大值
环境政策执行力	1748	0.106	0.272	-1.164	0.780
地方政府环境注意力	1782	0.017	0.004	0.003	0.033
非正式制度压力	1776	0.019	0.003	0.011	0.030
政府规模	1780	0.239	0.248	0.044	3.875
经济发展	1776	52084.126	34393.405	8157.000	467749.000
经济增速	1778	8.993	3.497	-4.200	16.850
外商投资规模	1719	106307.030	241958.701	8.000	3.083e+06
工业企业数	1778	1316.996	1544.568	27.000	10776.000
人口密度	1782	451.054	338.139	5.100	2648.110
财政收入规模	1780	0.093	0.072	0.024	1.705
工业化程度	1780	48.324	10.169	13.570	82.050

资料来源：作者自制。

本书随后对变量间的相关性进行分析，表 6-3 展示了各主要

表6-3

各变量相关性分析

	1 环境政策执行力	2 地方政府环境注意力	3 非正式制度压力	4 政府规模	5 经济发展	6 经济增速	7 外商投资规模	8 工业企业数	9 人口密度	10 财政收入规模	11 工业化程度
环境政策执行力	1.000										
地方政府环境注意力	0.036	1.000									
非正式制度压力	-0.071***	0.278***	1.000								
政府规模	0.094***	-0.029	-0.114***	1.000							
经济发展	0.119***	0.157***	0.107***	-0.190***	1.000						
经济增速	-0.274***	-0.075***	0.118***	-0.179***	-0.131***	1.000					
外商投资规模	0.066***	0.053**	0.014	-0.101***	0.457***	-0.001	1.000				
工业企业数	0.016	0.088***	0.144***	-0.191***	0.508***	0.018	0.659***	1.000			
人口密度	0.005	-0.070***	0.034	-0.215***	0.235***	0.113***	0.412***	0.561***	1.000		
财政收入规模	0.104***	-0.005	0.001	0.736***	0.147***	-0.142***	0.164***	0.124***	0.030	1.000	
工业化程度	-0.185***	0.026	0.053***	-0.322***	0.130***	0.298***	-0.134***	-0.006	0.113***	-0.178***	1.000

注：***、**、* 分别表示在1%、5%、10%的显著性水平上显著。

变量间的相关系数。地方政府环境注意力和环境政策执行力的复杂关系有待后续检验。此外，本书还计算了各变量的方差膨胀因子，发现各变量的 VIF 值均小于 4，说明变量间不存在严重的多重共线性问题。

二　基准回归

表 6-4 汇报了地方政府环境注意力和环境政策执行力间的回归结果，以及非正式制度压力和政府规模的调节效应。模型 1 是只有控制变量的基准模型。模型 2 是包含地方政府环境注意力和控制变量的基准模型。模型 3 和模型 4 分别检验了非正式制度压力和政府规模对地方政府环境注意力与环境政策执行力关系的调节作用。根据模型 2 的回归结果，地方政府环境注意力与环境政策执行力在 5% 的显著性水平下存在显著的正相关关系，进一步支持了假设 2 的观点。

表 6-4　　　　　　　　　调节效应回归结果

变量	模型 1	模型 2	模型 3	模型 4	模型 5
地方政府 环境注意力		4.862 ** (2.202)	5.429 ** (2.209)	4.854 ** (2.201)	5.499 ** (2.206)
非正式制度压力		-5.026 * (2.725)	-5.547 ** (2.728)	-5.131 * (2.724)	-5.755 ** (2.726)
政府规模		-0.039 (0.077)	-0.036 (0.077)	-0.055 (0.078)	-0.055 (0.077)
地方政府环境 注意力 × 非正式 制度压力			-1321.722 ** (516.171)		-1508.693 *** (522.493)
地方政府环境 注意力 × 政府规模				-13.293 * (7.651)	-16.941 ** (7.735)
经济发展	2.38e-06 *** (4.33e-07)	2.32e-06 *** (4.34e-07)	2.32e-06 *** (4.34e-07)	2.30e-06 *** (4.34e-07)	2.29e-06 *** (4.33e-07)

续表

变量	模型 1	模型 2	模型 3	模型 4	模型 5
经济增速	-0.013^{***} (0.003)	-0.013^{***} (0.003)	-0.013^{***} (0.003)	-0.013^{***} (0.003)	-0.013^{***} (0.003)
外商投资规模	$1.26e-07^{*}$ (7.44e-08)	$1.24e-07^{*}$ (7.44e-08)	$1.18e-07$ (7.43e-08)	$1.28e-07^{*}$ (7.44e-08)	$1.22e-07^{*}$ (7.42e-08)
工业企业数	0.000^{**} (0.000)	0.000^{**} (0.000)	0.000^{**} (0.000)	0.000^{**} (0.000)	0.000^{**} (0.000)
人口密度	0.000 (0.000)	0.000 (0.000)	0.000 (0.000)	0.000 (0.000)	0.000 (0.000)
财政收入规模	0.149 (0.127)	0.253 (0.262)	0.247 (0.262)	0.269 (0.262)	0.266 (0.262)
工业化程度	-0.011^{***} (0.002)	-0.011^{***} (0.002)	-0.011^{***} (0.002)	-0.012^{***} (0.002)	-0.011^{***} (0.002)
常数项	0.392^{**} (0.161)	0.382^{**} (0.173)	0.392^{**} (0.172)	0.399^{**} (0.173)	0.415^{**} (0.173)
F	40.27^{***}	28.91^{***}	26.98^{***}	26.59^{***}	25.20^{***}
N	1676	1670	1670	1670	1670

注：***、**、*分别表示在1%、5%、10%的显著性水平上显著。

根据模型3的回归结果显示，地方政府环境注意力与非正式制度压力的交互项在5%的显著性水平下显著为负，因此，非正式制度压力会弱化地方政府环境注意力对环境政策执行力的促进作用，假设3得到了支持。

根据模型4的回归结果，地方政府环境注意力与政府规模的交互项在10%的显著性水平下显著为负，表明政府规模负向调节地方政府环境注意力与环境政策执行力之间的关系，支持了假设4。

进一步，在模型5中，同时加入了非正式制度压力、政府规模与地方政府环境注意力的交互项，结果表明非正式制度压力与政府规模的调节作用仍然显著。

第五节　稳健性检验

为了考察研究结果的稳健性，本书通过改变因变量测量方式、改变样本容量和调整样本期来进行稳健性检验。

一　改变因变量测量方式

考虑到地方政府的年度目标可能会随情况变化而变化，平均政策执行程度随年份的增加而提高（梅赐琪、刘志林，2012）。为了使研究更加精细化，将5年目标减排任务依次根据14%、17%、20%、23%和26%（先低后高）分配到第1年至第5年，环境政策执行力计算公式与处理方式同上，回归结果如表6-5所示。此外，为了进一步说明结果的稳健性，本书还进行了以下目标减排率的分配组合尝试：先高后低（26%、23%、20%、17%和14%）。以259个地级行政区的面板数据进行重新分析，回归结果如表6-6所示。由表6-5和表6-6可知，调节效应的检验结果与基准回归结果保持一致。

表6-5　调节效应稳健性检验结果（因变量目标设定从低到高）

	模型1	模型2	模型3	模型4	模型5
地方政府环境注意力		5.003 ** (2.215)	5.582 ** (2.222)	4.998 ** (2.213)	5.659 ** (2.219)
非正式制度压力		-4.913 * (2.741)	-5.441 ** (2.743)	-5.024 * (2.740)	-5.659 ** (2.741)
政府规模		-0.040 (0.078)	-0.036 (0.077)	-0.056 (0.078)	-0.056 (0.078)
地方政府环境注意力×非正式制度压力			-1344.842 *** (519.473)		-1538.987 *** (525.816)

续表

	模型1	模型2	模型3	模型4	模型5
地方政府环境注意力×政府规模				−13.816 * (7.698)	−17.546 ** (7.782)
经济发展	2.39e−06 *** (4.35e−07)	2.33e−06 *** (4.37e−07)	2.33e−06 *** (4.36e−07)	2.31e−06 *** (4.37e−07)	2.30e−06 *** (4.36e−07)
经济增速	−0.013 *** (0.003)	−0.013 *** (0.003)	−0.013 *** (0.003)	−0.013 *** (0.003)	−0.013 *** (0.003)
外商投资规模	1.30e−07 * (7.48e−08)	1.27e−07 * (7.49e−08)	1.21e−07 (7.48e−08)	1.31e−07 * (7.49e−08)	1.26e−07 * (7.47e−08)
工业企业数	0.000 * (0.000)	0.000 * (0.000)	0.000 * (0.000)	0.000 * (0.000)	0.000 * (0.000)
人口密度	0.000 (0.000)	0.000 (0.000)	0.000 (0.000)	0.000 (0.000)	0.000 (0.000)
财政收入规模	0.164 (0.128)	0.270 (0.264)	0.264 (0.263)	0.287 (0.264)	0.284 (0.263)
工业化程度	−0.011 *** (0.002)	−0.011 *** (0.002)	−0.011 *** (0.002)	−0.012 *** (0.002)	−0.012 *** (0.002)
常数项	0.408 ** (0.161)	0.392 ** (0.174)	0.403 ** (0.173)	0.410 ** (0.174)	0.427 ** (0.174)
F	39.85 ***	28.62 ***	26.74 ***	26.36 ***	25.00 ***
N	1676	1670	1670	1670	1670

注：*** 、** 、* 分别表示在1%、5%、10%的显著性水平上显著。

表6-6　调节效应稳健性检验结果（因变量目标设定从高到低）

	模型1	模型2	模型3	模型4	模型5
地方政府环境注意力		4.645 ** (2.192)	5.212 ** (2.199)	4.637 ** (2.191)	5.282 ** (2.196)
非正式制度压力		−4.923 * (2.713)	−5.444 ** (2.715)	−5.029 * (2.712)	−5.652 ** (2.713)
政府规模		−0.042 (0.077)	−0.038 (0.077)	−0.057 (0.077)	−0.058 (0.077)

	模型 1	模型 2	模型 3	模型 4	模型 5
地方政府环境注意力×非正式制度压力			-1322.165^{**} (513.871)		-1509.436^{***} (520.154)
地方政府环境注意力×政府规模				-13.318^{*} (7.617)	-16.969^{**} (7.700)
经济发展	$2.36e-06^{***}$ (4.31e-07)	$2.30e-06^{***}$ (4.33e-07)	$2.30e-06^{***}$ (4.32e-07)	$2.28e-06^{***}$ (4.32e-07)	$2.27e-06^{***}$ (4.31e-07)
经济增速	-0.013^{***} (0.003)	-0.013^{***} (0.003)	-0.013^{***} (0.003)	-0.013^{***} (0.003)	-0.013^{***} (0.003)
外商投资规模	$1.25e-07^{*}$ (7.40e-08)	$1.22e-07^{*}$ (7.41e-08)	$1.17e-07$ (7.40e-08)	$1.26e-07^{*}$ (7.41e-08)	$1.21e-07$ (7.39e-08)
工业企业数	0.000^{**} (0.000)	0.000^{**} (0.000)	0.000^{**} (0.000)	0.000^{**} (0.000)	0.000^{**} (0.000)
人口密度	0.000 (0.000)	0.000 (0.000)	0.000 (0.000)	0.000 (0.000)	0.000 (0.000)
财政收入规模	0.135 (0.126)	0.246 (0.261)	0.240 (0.261)	0.262 (0.261)	0.259 (0.260)
工业化程度	-0.011^{***} (0.002)	-0.011^{***} (0.002)	-0.011^{***} (0.002)	-0.011^{***} (0.002)	-0.011^{***} (0.002)
常数项	0.379^{**} (0.160)	0.371^{**} (0.172)	0.382^{**} (0.172)	0.389^{**} (0.172)	0.405^{**} (0.172)
F	40.58^{***}	29.07^{***}	27.14^{***}	26.75^{***}	25.35^{***}
N	1676	1670	1670	1670	1670

注：***、**、*分别表示在1%、5%、10%的显著性水平上显著。

二 改变样本容量

考虑到样本的范围选择可能产生误差，因此剔除直辖市的数据，以255个地级行政区的面板数据进行重新分析。由表6-7可知，调节效应的检验结果与基准回归结果保持一致。

表 6 - 7 　　　　　　调节效应稳健性检验结果（改变样本容量）

	模型 1	模型 2	模型 3	模型 4	模型 5
地方政府环境注意力		4.749 ** (2.219)	5.306 ** (2.224)	4.742 ** (2.218)	5.372 ** (2.222)
非正式制度压力		-5.245 * (2.763)	-5.795 ** (2.765)	-5.332 * (2.762)	-5.982 ** (2.763)
政府规模		-0.035 (0.077)	-0.032 (0.077)	-0.049 (0.078)	-0.050 (0.078)
地方政府环境注意力 × 非正式制度压力			-1379.911 *** (525.161)		-1565.383 *** (531.818)
地方政府环境注意力 × 政府规模				-12.617 (7.687)	-16.398 ** (7.772)
经济发展	2.30e - 06 *** (4.42e - 07)	2.24e - 06 *** (4.44e - 07)	2.24e - 06 *** (4.43e - 07)	2.22e - 06 *** (4.44e - 07)	2.21e - 06 *** (4.43e - 07)
经济增速	-0.013 *** (0.003)	-0.013 *** (0.003)	-0.013 *** (0.003)	-0.013 *** (0.003)	-0.013 *** (0.003)
外商投资规模	-3.55e - 08 (1.16e - 07)	-4.24e - 08 (1.17e - 07)	-5.59e - 08 (1.16e - 07)	-3.31e - 08 (1.17e - 07)	-4.56e - 08 (1.16e - 07)
工业企业数	0.000 *** (0.000)	0.000 *** (0.000)	0.000 *** (0.000)	0.000 *** (0.000)	0.000 *** (0.000)
人口密度	0.000 (0.000)	0.000 (0.000)	0.000 (0.000)	0.000 (0.000)	0.000 (0.000)
财政收入规模	0.140 (0.128)	0.231 (0.264)	0.227 (0.263)	0.247 (0.264)	0.247 (0.263)
工业化程度	-0.011 *** (0.002)	-0.011 *** (0.002)	-0.011 *** (0.002)	-0.011 *** (0.002)	-0.011 *** (0.002)
常数项	0.394 ** (0.158)	0.391 ** (0.171)	0.403 ** (0.171)	0.408 ** (0.171)	0.426 ** (0.171)
F	39.02 ***	28.03 ***	26.22 ***	25.76 ***	24.47 ***
N	1645	1639	1639	1639	1639

注：***、**、*分别表示在1%、5%、10%的显著性水平上显著。

三　调整样本期

考虑到样本的时间选择可能产生误差，剔除 2018 年的数据并以 2011—2017 年的面板数据重新进行分析。由表 6 - 8 可知，调节效应的检验结果与基准回归结果一致。

表 6 - 8　　　　调节效应稳健性检验结果（调整样本期）

	模型 1	模型 2	模型 3	模型 4	模型 5
地方政府环境注意力		4.981 ** (2.449)	5.457 ** (2.452)	5.044 ** (2.447)	5.610 ** (2.449)
非正式制度压力		-4.895 (3.003)	-5.341 * (3.003)	-4.907 (3.000)	-5.424 * (2.998)
政府规模		-0.015 (0.081)	-0.016 (0.081)	-0.031 (0.081)	-0.035 (0.081)
地方政府环境注意力 × 非正式制度压力			-1359.892 ** (564.571)		-1571.538 *** (571.013)
地方政府环境注意力 × 政府规模				-14.975 * (7.957)	-18.533 ** (8.040)
经济发展	2.31e - 06 *** (4.61e - 07)	2.26e - 06 *** (4.64e - 07)	2.27e - 06 *** (4.63e - 07)	2.24e - 06 *** (4.64e - 07)	2.24e - 06 *** (4.63e - 07)
经济增速	-0.013 *** (0.003)	-0.013 *** (0.003)	-0.012 *** (0.003)	-0.013 *** (0.003)	-0.012 *** (0.003)
外商投资规模	1.36e - 07 (8.73e - 08)	1.34e - 07 (8.74e - 08)	1.27e - 07 (8.73e - 08)	1.39e - 07 (8.74e - 08)	1.32e - 07 (8.72e - 08)
工业企业数	0.000 ** (0.000)	0.000 ** (0.000)	0.000 ** (0.000)	0.000 ** (0.000)	0.000 ** (0.000)
人口密度	0.000 (0.000)	0.000 (0.000)	0.000 (0.000)	0.000 (0.000)	-0.000 (0.000)
财政收入规模	0.072 (0.138)	0.107 (0.285)	0.119 (0.284)	0.122 (0.285)	0.140 (0.284)

	模型 1	模型 2	模型 3	模型 4	模型 5
工业化程度	-0.014 *** (0.002)	-0.014 *** (0.002)	-0.014 *** (0.002)	-0.014 *** (0.002)	-0.014 *** (0.002)
常数项	0.479 *** (0.179)	0.470 ** (0.190)	0.468 ** (0.189)	0.494 *** (0.190)	0.496 *** (0.189)
F	37.76 ***	26.99 ***	25.16 ***	24.91 ***	23.59 ***
N	1502	1496	1496	1496	1496

注：*** 、** 、* 分别表示在 1% 、5% 、10% 的显著性水平上显著。

第六节　结论与启示

一　研究结论

政府注意力可以引导人们从一个新的视角观察、研究和诠释地方政府的政策执行行为。地方政府环境注意力是地方政府的注意力在环境环保议题和解决方案上的配置结果。地方政府环境注意力对环境政策执行力具有积极影响。地方政府环境注意力越高，即地方政府配置在环境保护相关议题和解决方案上的注意力越多，则地方政府环境政策执行越有效。本章不仅实证检验了政府注意力的焦点原则，而且研究了政府注意力的情境原则。从组织外部情境看，非正式制度压力过大会影响地方政府的决策环境，不利于地方政府围绕环境保护议题有效执行环境政策。换句话说，在地方政府已经重视环境保护议题时，非正式制度压力会弱化地方政府环境注意力与环境政策执行力之间的正向关系。从组织内部情境看，组织规模越大，地方政府在执行环境政策决策时所受的约束就越大，越不容易依照环境注意力所关注的焦点进行决策，而且不利于执行环境政策。

二　理论贡献与实践意义

本章理论贡献有以下两点：第一，本章对地方政府环境注意力如何影响环境政策执行行为进行了理论分析与实证检验。研究发现，地方政府环境注意力有利于地方政府环境政策执行力的提升，这可能是由于在行政发包制的中国情境下，地方政府重视既加强了资源的整合，也解决了部门间的冲突，促进了环境政策有效执行。第二，实证检验了注意力的情境原则。现有研究主要基于注意力竞争检验注意力焦点，即认为地方政府将注意力聚焦到了环境保护议题和解决方案上，就一定会做出与之相关的决策。但是，环境政策执行中存在的"言而不行"的现象则表明，环境政策的有效决策和高质量执行不仅需要考虑注意力焦点，而且需要考虑与环境保护议题和解决方案相关的情境因素。

本章的实践意义在于：第一，地方政府在环境政策执行过程中，要综合考虑非正式制度压力、政府规模等情境因素，避免"言而不行"的困境，以进一步保证环境政策有效执行。第二，在中国的行政发包制背景下，非正式制度压力的不断提高会增加地方政府决策的复杂性，这不利于地方政府有效决策。第三，应该注意控制政府规模或者设置合理机制，以规避随着政府规模的增加给地方政府造成的协调问题。

三　研究不足与展望

本章的研究局限主要有以下三个方面：第一，在探索地方政府环境注意力对环境政策执行力的影响时，主要关注的是组织内外部情境的影响，忽略了地方政府领导个人特征的影响，从而可能导致对地方政府环境注意力与环境政策执行力之间的关系研究得不够深入。未来可以考虑从地方政府领导个人特征出发探索其年龄、任期等对环境政策执行的影响。第二，本章在测量地方政府环境注意力时主要是通过对地方政府工作报告分析获得。未来研究可以考虑多重数据来源，如地方政府领导批示、视察、参评与生态保护相关的示范城市等多重数据来源增加注意力测量的信度和效度。第三，本章的研究情境为理想状态下的注意力分配，强调注意力分配到议题以后，决策是受情境影响的，并没有考虑压力型体制下的注意力过度分配对研究结果的影响。下一章将对这一问题进行深入研究。

第七节　本章小结

基于行政发包制理论和注意力基础观，以 259 个中国地级行政区 2011—2018 年的面板数据为样本，本章实证分析了地方政府环境注意力对环境政策执行力的影响，深入研究了非正式制度压力和政府规模在地方政府环境注意力与环境政策执行力之间的调节作用。在以往研究中，大多数学者直接研究地方政府注意力对政策执行的影响，而忽略了情境条件的作用。本章研究发现，如果非正式制度压力过高和组织规模过大，地方政府将不能有效决策，那么即使地方政府意识到应该采取环境政策执行的方案，但实际上环境政策执行也很难发生。本章研究对于理解地方政府环境政策执行实践具有重要意义。

第七章　政府政治模式下的象征性执行

本章采用中国地级行政区面板数据实证检验第四章提出的研究命题3：政府政治模式下，当地方政府环境注意力分配超过现实条件和实际能力时，会诱发地方政府避责行为下的象征性执行。本章研究发现地方政府注意力显著正向影响了环境政策执行力，但是中国压力型体制下注意力过度分配，反而会负向影响环境政策执行力。

第一节　引言

地方政府是推进国家治理走向现代化的重要主体，承担着发展经济、改善民生、管理社会和保护环境等多重治理任务。在中国独特的央地结构关系中，要在一统体制的背景下实现有效治理（周雪光，2011），最重要的是充分发挥地方政府的能动作用，进行科学决策和有效调动资源，以完成中央政府的"行政发包任务"（周黎安，2014）。地方政府一方面要完成中央政府行政发包下达的目标，另一方面要实现辖区内的有效治理。在这种双重压力下，地方政府的行政行为与治理效果均与地方政府领导的注意力有着密切关联

（刘军强、谢延会，2015；庞明礼，2019；王仁和、任柳青，2021；陶鹏、初春，2020；章文光、刘志鹏，2020；黄冬娅，2020）。

其中，有效执行中央环境政策、改善辖区内生态环境问题与其他治理任务间存在一定的影响关系，这使地方政府面临多种注意力的争夺（练宏，2016；赖诗攀，2020）。依据组织理性原则，地方政府官员会出于理性考量（如出于免于问责、职位晋升、获得政治荣誉等动机），将注意力配置到更有利于职业发展的领域。近年来，地方政府的环境注意力不断提升，其提升的逻辑一方面来自中央出台的一系列环境保护制度和政策，如环保督察和环保约谈等（吴建祖、王蓉娟，2019；庄玉乙、胡蓉，2020），这对强化地方政府的环境注意力配置形成了垂直层面的压力；另一方面则来自社会中民众环保意识的强化以及对环境公共产品需求的增加（黄森慰等，2017），这从横向的需求层面对地方政府的环境注意力配置形成压力。

那么，地方政府环境注意力的提高能否改善地方政府的环境政策执行行为？现有研究或从注意力竞争角度研究环境注意力本身，如注意力来源（陶鹏、初春，2020）、注意力变动机制（陈思丞、孟庆国，2016）、注意力演化规律（肖红军等，2021）以及注意力强化（孙雨，2019）等；或从注意力基础观的角度出发，研究环境注意力对政策制定（王印红、李萌竹，2017）、执行行为（徐岩等，2015）和治理效果的影响（申伟宁等，2020）；却鲜少关注地方政府环境注意力的直接效应，即地方政府环境注意力能否影响地方政府采取积极的政策执行行为，从而提高环境政策执行力。少量关注两者关系的研究也多聚焦于某一具体地区或时间点，且定性研究偏多，缺乏对二者关系系统与全面的评价。因此，本书回归注意力基础观（Ocasio，1997；陶鹏，2019），引入本土治理情境下的压力型体制（杨雪冬，2012），从组织决策角度实证考察地方政府环境注意力如何影响环境政策执行力。

与以往研究相比，本章研究在以下两个方面可能具有研究贡献。第一，实证检验了地方政府环境注意力与环境政策执行力之间的关系。已有研究表明，地方政府环境注意力提高了地方政府领导对生态环境治理的理解程度（庞明礼，2019），这是问题得到解决的决策结果；然而，在环境政策执行的过程中，压力型体制下的负向激励与强力问责又会诱发地方政府的避责行为（孙宗锋、孙悦，2019），避责逻辑下的注意力增加使地方政府只追求形式上的目标完成，从而使得环境注意力与环境政策执行力之间存在倒"U"形关系。第二，为实践中存在的象征性执行等行为提供新的解释。经验观察表明，地方政府存在"表现型政治"的情况（周志忍，2010）。尽管地方政府高度关注环境保护议题，但是政策执行过程中的过度执行、形式主义等问题会导致"形似而实异"的执行结果，这正是因为压力型体制下注意力分配超过了地方政府的实际能力，进而诱发了地方政府避责行为。

第二节　理论分析与研究假设

一　注意力影响政策执行力

当前关于政府注意力的研究主要集中于以下两个方面：一是把注意力当作一种象征和话语，用于政策行为与政策过程的逻辑推演（陶鹏，2019）。具体而言，注意力指的是对于特定信息的精神集中，也就是政府在多样繁杂的信息簇中重点关注特定的一类信息，对这一类信息进行加工处理之后，决定是否采取相应的治理行动（Davenport，Beck，2001）。因此，政府注意力配置是政府治理决策的前提和基础，通过信息过滤将那些影响重大、亟待解决的社会问题带入政府决策程序中（王家峰，2013），形成由政府注意力驱动的政策选择模型（Jones，Baumgartner，2005）。毋庸置疑，政府注意力配置对公共治理决策的执行效果极其重要，但它的配置过程受多种因素的影响。首先是来自政府领导的利益诉求和理性偏好，例如科层运作中的"领导高度重视"会直接影响注意力的配置方式，从而实现政府各类资源的倾斜性使用（庞明礼，2019）；其次是公共治理任务"合法性承载"程度的高低，治理议题的"合法性承载"程度越高，政府投放的注意力及其相关资源也就越多，反之亦然（徐岩等，2015）；最后，特殊重大事件的发生往往容易形成"集聚效应"，引起社会广泛关注，例如，焦点事件比一般性事件更能捕获政府注意力、影响政府资源配置，进而促使政府进行超常规执行和运动式治理（陈晓运，2019）。

二是从管理实践出发研究政府注意力，强调注意力的社会嵌入属性。该类研究认为，理解政府注意力要考虑注意力认知和政府采取行动所处的注意力情境（Ocasio，1997，2011）。注意力基础观将注意力分配看作决策者将时间和精力投放于信息的关注、编码和解释等内容，并聚焦于组织议题及其解决方案的过程（Ocasio，1997）。政府注意力对政策执行的影响机理可以看作一个三步信息处理过程，即关注—解释—执行（Ocasio，1997；Stevens et al.，2015）。对政府行为的解释，其实质是理解政府注意力的配置过程及其逻辑（Ocasio，1997）。在进入决策程序前，政府首先会有选择地关注和筛选治理议题以及与议题相关的资料信息；其次，对筛选出来的信息内容进行解释，同时赋予这些信息一定的意义；最后，根据筛选出来的议题信息制定行动方案并采取行动，从而推动政策执行。

地方政府政策执行行为与政府注意力密切相关，但当前研究缺乏从组织决策的角度进行深入探讨（周雪光，2008）。政府作为公共组织，可以被看作一个注意力配置系统（Ocasio，1997；陶鹏，2019），注意力影响组织决策过程，而地方政府政策执行行为的关键是组织的决策结果。地方政府所关注的各类政府治理议题是注意力的焦点所在，地方政府行动取决于注意力资源聚焦于何种议题和方案之上，行动效果则取决于如何有效配置有限的注意力资源（Ocasio，1997）。注意力基础观非常重视注意力资源的稀缺性（Bouquet et al.，2009），正是因为注意力资源稀缺和宝贵，所以只有恰当地分配注意力，才能发挥其最大效用。因此，从注意力基础观出发，本书认为政策执行力是把政府注意力资源分配给不同公共治理议题之后，组织通过一系列决策将政策目的和目标转化为实际结果的程度。这一转化过程需要将注意力资源进行有效配置，同时也受到启动决策过程机制、压力型体制以及注意力资源结构的深刻影响。对政府注意力进行维度细分与深入讨论不难发现，政府环境注意力的增加并不必然导致治理行动（王印红、李萌竹，2017）。探讨地方政府环境注意力分配与环境政策执行力之间的逻辑关系，有助于理解如何有效分配稀缺的政府注意力资源。

二　问题导向的决策

注意力导致组织决策，而问题导向的决策和答案导向的决策是决策过程启动的两个机制，前者是问题诱发的组织决策，后者是答案导向的组织决策（周雪光，2008）。在问题导向的决策过程中，加强生态环境保护议题的注意力分配有助于提高环境政策执行力，这是问题得到解决的决策结果。这种积极影响主要体现在两个方面：

一方面，政府环境注意力的聚焦带来人力、物力以及财力等与环境政策执行相关的多种资源，从而推动政策执行力提升。贯彻落实公共政策需要政治力量予以主导和协调，作为生态环境治理的责任主体，政府通过各种行政措施协调职能部门共同采取行动（杨宏山，2016）。当面对量化、硬性的政策内容时，地方政府领导常常会积极调动资源以规避风险并获得政治加分，同时推动政策目标完成（吴少微、杨忠，2017）。此外，政府高度重视往往意味着政策执行存在一定的"政治势能"，"政治势能"由上往下运作也可以促进资源集中、推动政策执行（贺东航、孔繁斌，2019）。

另一方面，政府重视使政策执行过程中可能存在的矛盾冲突得以缓释。在压力型体制下，上级政府往往采取纵向的行政发包向下级政府逐层贯彻其意志，而下级政府为了顺利完成考核任务又常常运用层层加码等方式来执行落实（荣敬本等，1998）。因此，各级地方政府在执行环境政策过程中会竭尽全力，而上级政府环境注意力的不断强化会持续增加环境政策的任务考核压力，这也迫使有关公务人员积极采取治理措施来确保完成考核任务（陈水生，2014）。当政策执行压力较大时，政策执行者会更积极地执行政策（李元、严强，2016），甚至超额完成政策目标要求（王仁和、任柳青，2021）以缓解政策压力。

政府环境注意力帮助政府发现与环境保护相关的问题并寻找解决办法，而环境注意力的增加提高了发现问题的可能性，提升了有效决策的概率。以上结论的成立建立在注意力分配得当的基础之上。然而，在压力型体制下，超高压问责和负向强激励形成了地方政府政策执行的避责逻辑（孙宗锋、孙悦，2019）。从有限理性的观点来看，组织决策是由满意原则的机制调节的，注意力分配的最优点是组织自我"满意"的状态。当注意力分配超过了地方政府的现实条件和实际能力时，避责逻辑下的地方政府将不再把有限的时间和资源配置在政策落实上，而会通过复杂的文牍工作，绕开政策执行的目标，只追求形式上的完成，这是地方政府领导保护自身利益和维护治理合法性的一种策略性决策（杨帆、章志涵，2020）。地方政府不再试图发现问题、解决问题，而是在不了解组织内部问题时直接模仿现有的解决方案或提出不符合实际情况的对策。此时，问题导向的决策过程转换为答案导向的决策过程。注意力的过度分配引起了决策过程启动机制的转换，这是"合乎情理的逻辑"决策模式（March，1994），但是，这种逻辑并不能保证决策的正确（周雪光，2008）。

三 答案导向的决策

压力型体制下的注意力过度分配诱发了地方政府的避责行为，这是忽略问题的决策结果。答案导向的组织决策是指决定在问题被发现之前就已经做出。有别于问题导向的决策，在答案导向的组织决策下，即使政府将注意力资源聚焦于生态环境保护议题，也不一定能够提升环境政策执行力。这是因为避责逻辑下的环境政策执行行为弱化了环境政策执行力。在这种情况下，地方政府多采用事前主动选择的避责行为，此时，地方政府最看重的不是环保工作的成效，而是自身不被问责（孙宗锋、孙悦，2019）。注意力资源的特性、政府领导的个人因素导致与环保相关的议题信息没有被地方政府深刻解读，一些潜层信息与问题被选择性忽略（赵晨等，2017）。

首先，注意力资源存在稀缺性、灵活性、易逝性和互补性等特性（Bouquet et al.，2009）。具体来看：第一，注意力是一种有限的稀缺资源且不能被交易，因此上级政府增加授权并不会减少地方政府的负担；第二，地方政府环境注意力容易受到多种治理议题的横向干扰，注意力在多议题之间的转换是瞬时的；第三，地方政府对环境议题的注意力投入无法储存起来供以后使用；第四，注意力和其他资源互补，地方政府环境注意力产生价值离不开其他资源的有效分配和合理配置（王仁和、任柳青，2021）。上述特性意味着政府若将注意力资源集中于生态环境治理将面临较高的机会成本，这势必导致地方政府在经济发展、维持社会稳定等其他议题上的注意力分配随之有所波动（Bouquet et al.，2009）。这些特性和问题导致的直接后果是政府注意力分配"内卷化"，即使注意力持续增加，治理效应也并不会同步提高（陈辉，2021）。

其次，政府在注意力资源分配过程中会增加政府领导个人成本，例如认知疲劳、身心焦虑、倍感压力等心理问题。地方政府领导关注生态环境保护议题，一方面会重视微观层面上相关议题考核的评价指标，另一方面会关注宏观层面上与环保议题相关的发展战略。地方政府领导会更积极参加会议、阅读文件、执行政策和开展调研，且更愿意花费时间和精力开展府际合作（Yi et al.，2018）。然而，伴随治理事项的持续增加，地方政府领导难免会出现力不从心的情况；同时，行动者范围的扩大也使得地方政府领导精力分散、疲于应付（刘军强、谢延会，2015）。此外，在社会治理转型背景下，各类复杂性事务层出不穷也使得地方政府领导身心俱疲、倍感压力（陈辉，2021）；而作为治理工具的注意力框定机制、纠偏机制等组合可能存在效率悖论，这反而让地方政府领导无所适从（庞明礼、陈念平，2020）。

四 决策的结果

中国政绩考核制度导致了地方政府对"问责类""政绩类"焦点事件的高度重视（武晗、王国华，2021）。地方政府之所以会重视环境保护议题，是因为中央政府对生态环境治理高度重视，从而在政府内部层层发包环境保护相关的议题、考核任务以及目标，促使中央以下各级政府将政府注意力高度聚焦于治理辖区内的环境问题。然而，在治理实践中，压力型体制下的地方政府往往难以准确判断究竟应该投入多少注意力资源在环境保护议题上。一方面，所谓的资源投入最优点是无形的，且伴随其他相关治理议题的变化而变化（取决于其他因素的相对优先性）；另一方面，地方政府由于知晓该议题的极端重要性，从而可能对环境保护议题过于热情，从而导致治理实践脱离了政策目标（贺东航、孔繁斌，2019）。这种早期的高投入和较强的政策执行力，会不断增强地方政府对辖区环境问题的治理信心，但这反而会让地方政府难以预判在何时该如何调整不同议题之间的注意力资源投入。

地方政府领导处理信息的能力有限，过高的环境注意力可能会使环境政策执行力受损（Hennart，2007）。在压力型体制下，环境注意力分配超过地方政府实际能力和现实条件时会诱发地方政府避责逻辑，此时问题导向的决策就会转化为答案导向的决策，这造成了忽略问题的决策结果。换言之，地方政府对某项议题过于"积极"会诱发地方政府采取避责行为，而这将导致政策目标发生严重偏离（陈家建等，2015），这也同样不利于常规化、制度化建设，在加强领导权力的同时忽视了正式机构的作用（Zhu et al.，2019）。提高地方政府环境注意力是提升环境政策执行力的重要途径和方式，然而，地方政府环境注意力在提升政策执行力的同时，也很可能在制造环境政策执行问题。综上所述，本书提出如下假设。

假设 5：地方政府环境注意力与环境政策执行力呈现倒"U"形关系。

图 7 – 1 是本章研究的概念框架。

图 7 - 1　本章概念框架

第三节　研究设计

一　样本划分及其选择

本章以 2019 年《中国城市统计年鉴》公布的 292 个地级行政区为基准样本，为了保证样本数据可靠性，对基准样本做如下处理：第一，测量环境政策执行力时，选取节能减排目标完成情况作为代理变量。地方政府节能减排目标可以基于手工收集，但部分地级行政区并未公布节能减排目标。由于缺少目标无法衡量执行力的好坏，因此对缺失目标数据的样本做剔除处理。第二，通过深度学习相似词数据库和词向量模型测量并计算地方政府环境注意力，为确保文本分析的效度和信度，对相关文本资料未公布的地级行政区样本做剔除处理。经过上述筛选，最终获得了 259 个地级行政区 2011—2018 年的非平衡面板数据，共计 1676 个观测值，样本量占全国地级行政区总量的 88.70%。第三，为了降低数据极端值对研究结果的影响，对因变量和控制变量经济增速在 1% 和 99% 百分位上进行了缩尾处理。

二　变量选择

(一) 被解释变量

环境政策执行力。本书以各省（自治区、直辖市）"十二五"

"十三五"时期的节能减排综合性工作方案中下达到各地级行政区
的二氧化硫减排目标完成情况作为环境政策执行力的代理变量。数
字化的政策目标是一种硬约束，容易评估和考核。各省（自治区、
直辖市）政府在国务院公布的约束性目标下，根据自身情况制定了
各个地级行政区的目标。二氧化硫减排目标来源于各地区的节能减
排工作方案、环境保护规划、主要污染物总量减排实施方案，借鉴
已有研究，用五年减排目标的平均值代表每年目标减排率（Tang et
al.，2016）。上级制定的节能减排目标有正数、负数和零，如果用
实际减排率除以目标减排率，会出现计算错误；如果用实际减排率
与目标减排率之差计算环境政策执行力，会出现执行力高低相反的
后果。因此，为了方便计算，本书以当年二氧化硫实际减排率相反
数与目标减排率相反数之差来衡量环境政策执行力，差值越大，表
明环境政策执行力越高。计算公式为：〔（当年二氧化硫排放量－前
一年排放量）/前一年排放量〕×（－1）－目标减排率×（－1）。

（二）解释变量

地方政府环境注意力。通过计算机辅助文本分析方法测量地级
行政区对环境保护的关注程度。对政府工作报告进行深度的挖掘和
研究可以了解和掌握政府在不同时期的工作重点和关注焦点。通过
统计样本政府2011—2018年政府工作报告中包含的环境关键词词频
来测量政府环境注意力。关键词词表构建过程和政府环境注意力测
量步骤和第五章一致，用环境注意力词频占工作报告中总词频的比
例计算地方政府环境注意力（胡楠等，2021）。环境注意力词频占
政府工作报告总词频的比例越大，说明地方政府环境注意力越高。

（三）控制变量

本书从经济发展、营商环境、人口规模和政府特征等方面引入

控制变量。参考已有文献，选取如下控制变量。①非正式制度压力。通过计算机辅助文本分析方法测量省级行政区对环境保护的关注程度。②政府规模。较大的政府规模可能导致组织人员重叠和职能划分不清，导致政策执行效率的降低和资源的浪费，本书用政府财政支出占 GDP 比重来表示政府规模（关斌，2020）。③经济发展。一般认为经济发展的激励与环境保护的激励是冲突的，本书用人均 GDP 表示各地区的经济发展情况。④经济增速。经济增速放缓可能会减缓环境政策执行的压力，但同时可能会诱发地方政府进一步围绕 GDP 进行竞争，本书采用地区 GDP 增长率表示。⑤外商投资规模。地方政府可能会为吸引外资而主动放松环境监管进而影响到环境政策执行，本书以当年实际使用外资金额来测量该指标。⑥工业企业数。工业企业数反映了地方政府辖区内工业企业的集聚情况，是影响地方政府环境政策执行程度的重要指标（金刚、沈坤荣，2018），本书选取规模以上（主营业务收入 2000 万元以上）企业个数测量工业企业数。⑦人口密度。人口密度越大，当地生态的压力就越大，进而加大环境政策执行难度，本书以每平方公里内的常住人口数刻画人口密度。⑧财政收入规模，环境政策的执行需要资金支持，本书采用公共财政收入占 GDP 比重来表示财政收入规模。⑨工业化程度。本书用第二产业产值占 GDP 比重来衡量。变量的定义与数据来源见表 7 - 1。

表 7 - 1　　　　　　　　　　变量定义与数据来源

类型	名称	描述	数据来源
因变量	环境政策执行力	[（当年工业二氧化硫排放量 - 上一年排放量）/上一年排放量] × （ - 1） - 目标减排率 × （ - 1）	《"十二五"节能减排综合性工作方案》《"十三五"节能减排综合工作方案》《国家环境保护"十二五"规划》《"十三五"生态环境保护规划》各省份主要污染物总量减排实施方案《中国城市统计年鉴》

续表

类型	名称	描述	数据来源
自变量	地方政府环境注意力	通过计算机辅助文本分析方法测量地级行政区对环境保护的关注程度	地市政府工作报告文构财经文本数据平台
控制变量	非正式制度压力	通过计算机辅助文本分析方法测量省级行政区对环境保护的关注程度	省政府工作报告文构财经文本数据平台
	政府规模	政府财政支出/GDP	《中国城市统计年鉴》
	经济发展	人均GDP	
	经济增速	地区GDP增长率	
	外商投资规模	当年实际使用外资金额	
	工业企业数	规模以上（主营业务收入2000万元以上）企业个数	
	人口密度	每平方公里内的常住人口数	
	财政收入规模	公共财政收入/GDP	
	工业化程度	第二产业产值/GDP	

资料来源：作者自制。

三　模型设定

本书选择面板数据固定效应模型进行分析，原因在于：不同地区间的异质性导致某些遗漏变量不随时间变化但随地区变化（关斌，2020）；且 Hausman 检验的 P 值小于 0.01，说明在 99% 的显著性水平下拒绝了随机效应模型的原假设。

第四节　实证结果与分析

一　描述性统计

表 7-2 是 2011—2018 年样本地方政府环境政策执行力的描述性统计。由表 7-2 可以看出，环境政策执行力的均值为 0.106，表

明大多数地方政府较好地完成了政策目标；地方政府环境注意力均值为 0.017，表明地方政府环境注意力关键词词频占比为 1.7%。地方政府工作报告中，除了环境保护的描述外，还包括对政治稳定、经济发展、社会安全和科技进步等方面的描述。

本书随后对变量间的相关性进行分析，表 7-3 展示了各主要变量间的相关系数，地方政府环境注意力和环境政策执行力的复杂关系有待后续检验。此外，本书还计算了各变量的方差膨胀因子，发现各变量的 VIF 值均小于 4，说明变量间不存在严重的多重共线性问题。

表 7-2   变量描述性统计分析

变量名称	样本量	均值	标准差	最小值	最大值
环境政策执行力	1748	0.106	0.272	-1.164	0.780
地方政府环境注意力	1782	0.017	0.004	0.003	0.033
非正式制度压力	1776	0.019	0.003	0.011	0.030
政府规模	1780	0.239	0.248	0.044	3.875
经济发展	1776	52084.126	34393.405	8157.000	467749.000
经济增速	1778	8.993	3.497	-4.200	16.850
外商投资规模	1719	106307.030	241958.701	8.000	3.083e+06
工业企业数	1778	1316.996	1544.568	27.000	10776.000
人口密度	1782	451.054	338.139	5.100	2648.110
财政收入规模	1780	0.093	0.072	0.024	1.705
工业化程度	1780	48.324	10.169	13.570	82.050

资料来源：作者自制。

二 基准回归

表 7-4 汇报了地方政府环境注意力和环境政策执行力间的回归结果。模型 1 是只有控制变量的模型。模型 2 包含地方政府环境注意力和控制变量的基准模型。模型 3 加入了包含地方政府环境注

表7-3

各变量相关性分析

	1 环境政策执行力	2 地方政府环境注意力	3 非正式制度压力	4 政府规模	5 经济发展	6 经济增速	7 外商投资规模	8 工业企业数	9 人口密度	10 财政收入规模	11 工业化程度
环境政策执行力	1.000										
地方政府环境注意力	0.036	1.000									
非正式制度压力	-0.071***	0.278***	1.000								
政府规模	0.094***	-0.029	-0.114***	1.000							
经济发展	0.119***	0.157***	0.107***	-0.190***	1.000						
经济增速	-0.274***	-0.075***	0.118***	-0.179***	-0.131***	1.000					
外商投资规模	0.066***	0.053**	0.014	-0.101***	0.457***	-0.001	1.000				
工业企业数	0.016	0.088***	0.144***	-0.191***	0.508***	0.018	0.659***	1.000			
人口密度	0.005	-0.070***	0.034	-0.215***	0.235***	0.113***	0.412***	0.561***	1.000		
财政收入规模	0.104***	-0.005	0.001	0.736***	0.147***	-0.142***	0.164***	0.124***	0.030	1.000	
工业化程度	-0.185***	0.026	0.053***	-0.322***	0.130***	0.298***	-0.134***	-0.006	0.113***	-0.178***	1.000

注：***、**、* 分别表示在1%、5%、10%的显著性水平上显著。

意力平方项的回归模型。从模型 2 中可以看出，地方政府环境注意力、经济发展、外商投资规模和工业企业数分别与环境政策执行力正相关，而非正式制度压力、经济增速和工业化程度分别与环境政策执行力负相关。如模型 3 所示，地方环境注意力与环境政策执行力显著正相关（β = 24.910，p < 0.05），但是其平方项系数却与环境政策执行力显著负相关（β = − 577.547，P < 0.10），说明地方政府环境注意力与环境政策执行力间存在倒 "U" 形关系，研究假设 5 得到验证。

表 7 - 4　　　　　　　　　　　倒 "U" 形回归结果

变量	模型 1	模型 2	模型 3
地方政府环境注意力		4.862 ** (2.202)	24.910 ** (10.749)
地方政府环境注意力平方项			− 577.547 * (303.101)
非正式制度压力		− 5.026 * (2.725)	− 4.991 * (2.723)
政府规模		− 0.039 (0.077)	− 0.033 (0.077)
经济发展	2.38e − 06 *** (4.33e − 07)	2.32e − 06 *** (4.34e − 07)	2.32e − 06 *** (4.34e − 07)
经济增速	− 0.013 *** (0.003)	− 0.013 *** (0.003)	− 0.013 *** (0.003)
外商投资规模	1.26e − 07 * (7.44e − 08)	1.24e − 07 * (7.44e − 08)	1.24e − 07 * (7.43e − 08)
工业企业数	0.000 ** (0.000)	0.000 ** (0.000)	0.000 ** (0.000)
人口密度	0.000 (0.00)	0.000 (0.00)	0.000 (0.00)
财政收入规模	0.149 (0.127)	0.253 (0.262)	0.241 (0.262)

变量	模型 1	模型 2	模型 3
工业化程度	−0.011 *** (0.002)	−0.011 *** (0.002)	−0.011 *** (0.002)
常数项	0.392 ** (0.161)	0.382 ** (0.173)	0.219 (0.193)
F	40.27 ***	28.91 ***	26.66 ***
N	1676	1670	1670

注：*** 、** 、* 分别表示在1%、5%、10%的显著性水平上显著。

三　进一步检验

为了更清晰地展示地方政府环境注意力与环境政策执行力之间存在的倒"U"形关系，本书基于模型3的回归结果进行了作图分析。从图7-2中可以看出，随着地方政府环境注意力的提高，环境政策执行力保持上升的趋势，但在达到拐点（地方政府环境注意力=0.018）之后，地方政府环境注意力与环境政策执行力间的正相关关系变为负相关关系，地方政府环境注意力对环境政策执行力的边际影响逐渐递减。从图7-3可以清晰地看出上述变化过程，即地方政府环境注意力对环境政策执行力的边际影响存在由正转负的特征。

第五节　稳健性检验

为了考察研究结果的稳健性，本书通过改变因变量测量方式、改变样本容量以及改变检验方法来进行稳健性检验。

一　改变因变量测量方式

考虑到地方政府的年度目标可能会随情况变化而变化，平均政策

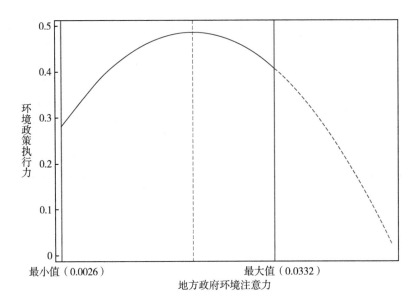

图 7 - 2　地方政府环境注意力与环境政策执行力的倒 "U" 形曲线

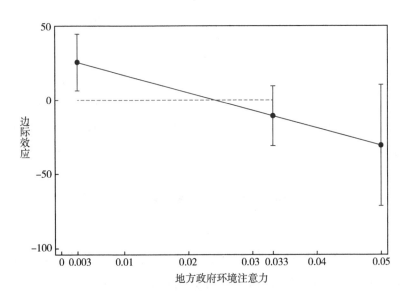

图 7 - 3　地方政府环境注意力对环境政策执行力的边际效应

执行程度随年份的增加而提高（梅赐琪、刘志林，2012）。为了使研究更加精细化，将五年目标减排任务依次根据14%、17%、20%、23%和26%（先低后高）分配到第1年至第5年，环境政策执行力计算公式与处理方式同上，回归结果如表7-5所示。此外，为了进一步说明结果的稳健性，本书还进行了以下目标减排率的分配组合尝试：先高后低（26%、23%、20%、17%和14%）。以259个地级行政区的面板数据进行重新分析，回归结果如表7-6所示。由表7-5和表7-6可知，主效应的检验结果与基准回归结果保持一致。

表7-5　倒"U"形稳健性检验结果（因变量目标设定从低到高）

变量	模型1	模型2	模型3
地方政府环境注意力		5.003** (2.215)	25.989** (10.820)
地方政府环境注意力平方项			-604.483** (305.086)
非正式制度压力		-4.913* (2.741)	-4.875* (2.738)
政府规模		-0.040 (0.078)	-0.033 (0.078)
经济发展	2.39e-06*** (4.35e-07)	2.33e-06*** (4.37e-07)	2.33e-06*** (4.37e-07)
经济增速	-0.013*** (0.003)	-0.013*** (0.003)	-0.013*** (0.003)
外商投资规模	1.30e-07* (7.48e-08)	1.27e-07* (7.49e-08)	1.27e-07* (7.48e-08)
工业企业数	0.000* (0.000)	0.000* (0.000)	0.000* (0.000)
人口密度	0.000 (0.000)	0.000 (0.000)	0.000 (0.000)
财政收入规模	0.164 (0.128)	0.270 (0.264)	0.257 (0.264)

续表

变量	模型1	模型2	模型3
工业化程度	-0.011 *** (0.002)	-0.011 *** (0.002)	-0.011 *** (0.002)
常数项	0.408 ** (0.161)	0.392 ** (0.174)	0.221 (0.194)
F	39.85 ***	28.62 ***	26.43 ***
N	1676	1670	1670

注：*** 、** 、* 分别表示在1%、5%、10%的显著性水平上显著。

表7-6　倒"U"形稳健性检验结果（因变量目标设定从高到低）

变量	模型1	模型2	模型3
地方政府环境注意力		4.645 ** (2.192)	24.514 ** (10.701)
地方政府环境注意力平方项			-572.404 * (301.760)
非正式制度压力		-4.923 * (2.713)	-4.889 * (2.711)
政府规模		-0.042 (0.077)	-0.035 (0.077)
经济发展	2.36e-06 *** (4.31e-07)	2.30e-06 *** (4.33e-07)	2.30e-06 *** (4.32e-07)
经济增速	-0.013 *** (0.003)	-0.013 *** (0.003)	-0.013 *** (0.003)
外商投资规模	1.25e-07 * (7.40e-08)	1.22e-07 * (7.41e-08)	1.22e-07 * (7.40e-08)
工业企业数	0.000 ** (0.000)	0.000 ** (0.000)	0.000 ** (0.000)
人口密度	0.000 (0.000)	0.000 (0.000)	0.000 (0.000)
财政收入规模	0.135 (0.126)	0.246 (0.261)	0.234 (0.261)

续表

变量	模型 1	模型 2	模型 3
工业化程度	-0.011 *** (0.002)	-0.011 *** (0.002)	-0.011 *** (0.002)
常数项	0.379 ** (0.160)	0.371 ** (0.172)	0.210 (0.192)
F	40.58 ***	29.07 ***	26.81 ***
N	1676	1670	1670

注：***、**、* 分别表示在 1%、5%、10% 的显著性水平上显著。

二　改变样本容量

考虑到样本的范围选择可能产生误差，因此剔除直辖市的数据，以 255 个地级行政区的面板数据进行重新分析，由表 7 - 7 可知，主效应的检验结果与基准回归结果保持一致。

表 7 - 7　　　倒 "U" 形稳健性检验结果（改变样本容量）

变量	模型 1	模型 2	模型 3
地方政府环境注意力		4.749 ** (2.219)	24.446 ** (10.845)
地方政府环境注意力平方项			-567.911 * (306.082)
非正式制度压力		-5.245 * (2.763)	-5.244 * (2.760)
政府规模		-0.035 (0.077)	-0.029 (0.077)
经济发展	2.30e-06 *** (4.42e-07)	2.24e-06 *** (4.44e-07)	2.24e-06 *** (4.44e-07)
经济增速	-0.013 *** (0.003)	-0.013 *** (0.003)	-0.013 *** (0.003)
外商投资规模	-3.55e-08 (1.16e-07)	-4.24e-08 (1.17e-07)	-4.22e-08 (1.16e-07)

变量	模型1	模型2	模型3
工业企业数	0.000 *** (0.000)	0.000 *** (0.000)	0.000 *** (0.000)
人口密度	0.000 (0.000)	0.000 (0.000)	0.000 (0.000)
财政收入规模	0.140 (0.128)	0.231 (0.264)	0.221 (0.264)
工业化程度	−0.011 *** (0.002)	−0.011 *** (0.002)	−0.011 *** (0.002)
常数项	0.394 ** (0.158)	0.391 ** (0.171)	0.233 (0.191)
F	39.02 ***	28.03 ***	25.84 ***
N	1645	1639	1639

注: ***、**、* 分别表示在1%、5%、10%的显著性水平上显著。

三 改变检验方法

前文汇报了固定效应模型的回归结果, 此处借鉴先前研究 (Lind, Mehlum, 2010), 用 utest 命令检验地方政府环境注意力与环境政策执行力是否存在倒 "U" 形关系。由表 7-8 可以看出, 计算出的极值点为 0.019, 环境注意力的取值范围为 0.003—0.033。由此可知, 极值点在数据范围内, 并能够在 5% 的统计水平上拒绝原假设。同时, 结果中的斜率在区间里存在负号, 因此本书认为地方政府环境注意力与环境政策执行力呈倒 "U" 形关系。

表 7-8   倒 "U" 形稳健性检验结果 (改变检验方法)

因变量: 环境政策执行力	
下限斜率	19.945 ** (7.948)
上限斜率	−18.200 ** (8.555)

续表

因变量：环境政策执行力	
t 值	2.13
极值点	0.019
95%置信区间，Fieller	[0.016, 0.027]
地方政府环境注意力取值范围	[0.003, 0.033]

注：***、**、*分别表示在 1%、5%、10%的显著性水平上显著。

第六节　内生性分析

除了回归结果的稳健性之外，另一个在研究中需要引起注意的问题是变量可能存在内生性问题。事实上，环境注意力的投入并不是外生的（随机的）。问题比较严重的地区地方政府领导会投入更多注意力，但是对问题严重的地区来说，存在如下可能：投入再多注意力也不足以达成他们迫于同辈压力提出的相对较高治理目标。因此，本书对内生性问题进行讨论，以期更准确地识别地方政府环境注意力与环境政策执行力之间的倒"U"形关系。

工具变量法可以有效修正由自选择偏差和遗漏变量偏差引起的内生性问题（王宇、李海洋，2017），因此我们计算同省份其他地级行政区节能减排目标的均值作为地方政府环境注意力的工具变量。原因如下：第一，高度相关性，一个地区的地方政府注意力分配会受到相邻地区节能减排目标的影响；第二，严格外生性，相邻地区的节能减排目标多出于当地实际情况的需要制定，且对其他地区政策执行结果的影响有限。

回归分析中，本书分别使用两阶段最小二乘法和最优 GMM 的估计方法。由于直辖市只有一个地级行政区，且相邻地级行政区对其注意力分配的影响有限，因此对直辖市样本做剔除处理。表 7-9

回归结果表明，地方政府环境注意力的回归系数显著为正（p < 0.05），地方政府环境注意力平方项的回归系数显著为负（p < 0.05）。据此，在控制了地方政府环境注意力的内生性问题后，研究结果仍然支持了地方政府环境注意力与环境政策执行力倒"U"形关系的结论。

此外，本书分别做了识别不足检验和弱工具变量检验来说明工具变量的有效性（刘维刚等，2020）。LM 检验结果说明不存在"识别不足"问题（P = 0.00）；沃尔德检验拒绝"弱工具变量"的原假设（最小特征值统计量为 277.21，大于对应的 10% 的临界值16.38）。因此，选用同省份其他地级行政区节能减排目标均值作为地方政府环境注意力的工具变量是合理的。

表 7 - 9   内生性检验结果

	两阶段最小二乘法	最优 GMM
地方政府环境注意力	24. 144 ** （10. 183）	24. 144 ** （10. 183）
地方政府环境注意力平方项	− 660. 285 ** （293. 636）	− 660. 285 ** （293. 636）
控制变量	是	是
N	1639	1639

注：***、**、*分别表示在 1%、5%、10% 的显著性水平上显著。为节约篇幅未汇报控制变量结果。

第七节　结论与启示

一　结果讨论

为什么会出现注意力的临界点？本书认为压力型体制下的超高压问责和负向强激励导致了注意力分配超过地方政府现实条件和实际能力，进而引发地方政府的避责逻辑，象征性执行等行为并非地方政府意欲为之，而是地方政府领导在有限注意力和无限责任下被迫做出的策略性选择，目的是更好地适应一统体制与有效治理之间的矛盾。接下来，本书试图用垃圾箱决策理论进行进一步论述分析（Cohen et al.，1972）。正如前文所述，注意力导致组织决策，注意力的提高增加了组织发现问题的可能性，从而提高了决策的概率，但注意力的提高并不能保证理想的组织决策结果。从一个动态的过程来看，问题、答案、参与者和决策者之间的相互吻合是不确定的（周雪光，2008）。地方政府对某项议题越重视，越有可能通过文牍工作绕开政策执行的实际目标，以形式主义等方式回应上级（杨帆、章志涵，2020）。忽略问题的决策结果导致政策执行结果偏离理性模式既定的轨迹，这是"合乎情理的逻辑"决策模式。但是，这种决策模式并不能保证决策的正确，即对地方政府有利的决策并不一定有利于政策执行。组织中激励设计不当引发了地方政府与组织目标相悖的行为，形成了"认认真真走程序，踏踏实实走过场"的政策执行行为（孙宗锋、孙悦，2019）。制度设计的关键在于如何保证地方政府的注意力是真实有效的，即确保决策过程启动的机制是问题导向而不是答案导向。注意力的临界点就是启动决策过程机制发生转换的点。

二　研究结论

注意力导致组织决策，但是，"合乎情理的逻辑"决策模式并不能保证决策的正确。地方政府环境注意力是地方政府配置到环境保护议题和解决方案上的注意力，问题导向的决策过程可以提高地方政府对相关治理议题及其目标预期的理解程度，从而有助于提升地方政府环境政策执行力。然而，压力型体制下的层层加码和行政发包制下多任务情境使地方政府面临完成上级制定目标和实现辖区有效治理的双重压力，负向强激励下过高的责任风险诱发了地方政府避责逻辑。为了在不损害自身利益的前提下维护治理的合法性，地方政府被迫做出相应的调适性策略（杨帆、章志涵，2020）。例如，地方政府会用填表、留痕的方式来规避这种压力，使决策启动过程从问题导向的决策转换为答案导向的决策，在形式上完成上级规定的目标，进而导致政策执行力的下降。注意力资源的投入有很高的机会成本（Bouquet et al.，2009），在生态环境治理议题上投入过高的注意力，不仅会加重地方政府领导的精神负担，而且会导致忽略问题的决策结果，降低环境政策执行力。当地方政府环境注意力分配超过地区实际能力和现实条件时，将削弱环境政策执行力。

三 中国经验与理论发展

本章研究贡献有以下两点：

首先，回归注意力基础观（Ocasio，1997；陶鹏，2019），引入压力型体制的概念（杨雪冬，2012），实证分析发现地方政府环境注意力与环境政策执行力之间存在倒"U"形关系。换言之，随着地方政府环境注意力提升，地方政府环境政策执行力持续增强，甚至会超额完成政策目标。但是，压力型体制下注意力分配超过了地方政府实际能力和现实条件时便会诱发地方政府的避责逻辑，过多的注意力资源投入使决策过程的启动机制由问题导向转换为答案导向，形式上的目标完成导致环境政策执行力不升反降。这一逻辑的揭示对于理解政府注意力投入以及政策执行具有重要意义。

其次，对理解中国情境下的政策执行行为具有启发意义。行政发包制理论认为，公共治理的目标和任务都是由上级层层发包而

来，具体如何执行是由地方政府领导予以权衡和排序的（周黎安，
2014）。遗憾的是，注意力资源具有有限性、稀缺性等特性，压力
型体制下地方政府高度重视某项治理议题，也难以保证正确的决策
结果，从而导致政策执行过程中出现形式主义、消极应付等现象。
治理实践中，地方政府不仅要面对多治理议题、多治理目标，而且
会面临超高压问责和负向强激励。在注意力资源有限性的约束下，
地方政府对某一议题的过度关注诱发了地方政府避责行为，出现了
"目标替代""象征性执行"等问题。政策执行成功的关键在于让
政府各职能部门积极动起来，充分发挥各组成部门的职能作用，同
时适当减少对政府领导的直接依赖（刘军强、谢延会，2015）。

四　实践启示

本章研究的实践启示在于只有实现科学、有效、合理的注意
力资源分配，才能提升政策执行力。为了引起地方政府高度重
视，无论是非常态化的运动式治理，即各种生态环境专项整治运
动，还是环保督察与生态环境指标被纳入绩效考核之中等制度化
建设，都一再显示，地方政府在处理公共治理议题过程中面临的
最大困难是难以实现最优分配有限的注意力资源。在公共治理实
践中，地方政府领导既可能做一些不必要、不应该包揽的事项，
也可能没有做一些应该做、必须做的事项（March，1994）。地方政
府只有将注意力资源合理配置、有效决策，才能实现政策执行力的
持续提升。

实际上，地方政府更应该思考的是，在哪些治理议题上花费多
少心思，什么时候关注什么议题（March，1994），从而将有限的注
意力资源分配到位。尤其是要注意协调好政府绩效考核/评估中具
有"一票否决"的低横向竞争议题和具有强激励的高横向竞争议题

之间的相互关系。对于中央政府来说，需要建立和加强注意力资源有效配置的制度设计，如用于长期预防和监督环境污染的相关制度设计（Zhu et al.，2019），通过合适的激励机制，引导地方政府有效分配注意力资源。

五 研究不足与展望

本章研究局限主要有以下三个方面：第一，本章没有考虑地方政府领导个人特征对地方政府环境注意力与环境政策执行力两者关系的影响。未来研究可以加入相关变量来研究影响两者关系的其他因素。第二，地方政府环境注意力和环境政策执行力可能存在互为因果效应。例如，过去的环境政策执行结果会影响地方政府环境注意力配置，进而影响未来地方政府环境政策执行力。未来研究可以运用优化的计量模型以及寻找地方政府环境注意力的有效工具变量来检验二者之间的关系。第三，本章用地方政府工作报告中环境关键词词频测量政府环境注意力可能存在争议，未来研究可以考虑加入领导批示、视察、参评与生态保护相关的示范城市等具体活动信息作为补充测量依据。

第八节　本章小结

近年来，中国绿色发展理念的深入贯彻与中央政府问责力度的持续加大，倒逼地方政府将更多注意力分配给环境保护议题。那么，地方政府的环境注意力越高，环境政策执行力越强吗？基于压力型体制和注意力基础观，本章以 259 个中国地级行政区 2011—2018 年的面板数据为样本，实证分析了地方政府环境注意力对环境政策执行力的影响。研究结果表明，地方政府环境注意力与环境政

策执行力之间呈倒"U"形关系。地方政府环境注意力提高了地方
政府对生态环境治理的理解程度，然而，当压力型体制下的环境注
意力分配超过地方政府的现实条件和实际能力时却会诱发地方政府
的避责行为，形式上完成政策目标的行为导致了环境政策执行力的
下降。本章实证检验了地方政府环境注意力影响环境政策执行力的
逻辑，弥补了已有研究较少从量化分析入手研究政府注意力对政策
执行力影响的不足，为有效分配政府注意力资源提供了实证证据。

第八章　研究结论与政策建议

　　本章是对之前章节的总结和讨论，提出中国情境下注意力与政策执行行为之间的关系，进而提出研究结论和政策建议，并指出了研究中的不足和展望。具体而言，本章将结合行政发包制理论（周黎安，2014），从横向注意力竞争和纵向行政发包任务两个维度出发，构造地方政府政策执行行为的分析框架，以期更好地理解地方政府政策执行行为。将政府的注意力基础观与行政发包制相互结合，即横向注意力分配与纵向行政发包任务的结合，提供了分析中国地方政府政策执行行为的两个基本维度。在中国独特的府际关系和政治制度下，多层级、多个决策者、多任务之间的互动是影响政策执行的关键。地方政府同时面临结果导向和问题导向两种不同类型的决策，政策执行的关键在于吸引决策者解决问题，而不是完成既定的目标和结果。上级政府既要通过非正式制度吸引下级政府注意力，又要从正式制度出发规范地方政府行为。

第一节　当注意力遇上行政发包制

　　政府的注意力基础观核心是注意力的合理配置，而同一级别的地方政府又面临多重行政发包任务，即行政发包制（周黎安，

2014)。因此，政府政策执行是横向注意力竞争与纵向行政发包任务的相互结合，从这两个维度出发研究地方政府政策执行行为，可以拓展注意力基础观的解释力。

为了更好地理解地方政府各项公共政策的执行行为和效果，本书根据纵向行政发包任务和横向注意力分配两个分析维度进行划分。具体而言，本书根据纵向行政发包任务的多少和政府注意力分配强度的高低，构建了一个 2 × 2 的矩阵。在矩阵中，每一种政策执行行为都是特定情境下的产物。

本书从这两个维度对地方政府环境政策执行的不同行为进行解释，并从政策执行行为角度区分为象征性执行、政治性执行、行政性执行和选择性执行四类执行行为。如表 8 - 1 所示，象征性执行指地方政府存在表现型政治、做表面文章等现象，这不仅无法实现政策目标，还会带来不好的政策结果；政治性执行指地方政府集中各类资源，尽全力执行上级政策；选择性执行指地方政府有选择地完成政策目标，其自主性较强；行政性执行是一种理想科层制状态下的政策执行行为，在这种执行行为模式下，政策执行涉及的各职能部门各司其职。

根据表 8 - 1，本书重点解释三个问题：第一，如何理解地方政府政策执行行为？第二，如何看待地方政府政策执行行为转换？第三，如何理解地方政府政策执行行为差异？

表 8 - 1 　　　　　　　　　地方政府政策执行选择模式

		行政发包任务	
		多	少
注意力分配	高	象征性执行	政治性执行
	低	选择性执行	行政性执行

资料来源：作者自制。

一 如何理解政策执行行为

关于中国政策执行行为的特征，有研究认为在某些领域，中国
体制具有可以集中力量办大事的优势（周黎安，2017），如：抗灾
救援和疫情防控等。虽然我们在这些方面看到了领导重视的优势，
但是领导重视也不是万能的。例如，政府对环境保护非常重视，中
央政府三令五申，并采取了诸多法律措施，但环境政策执行的效果
不理想。政策执行行为到底由什么因素决定？

政治性执行。当地方政府注意力较高，且上级行政发包任务
较少时，地方政府就会采取政治性执行，即集中各种资源，积极
执行政策。这种执行行为下，约束性指标环境政策既有明确清晰
的目标，也界定了地方政府的责任；同时，中央政府通过目标考
核的方式加强了监管。地方政府落实政策不力，可能会被追责，
这使地方政府甚至会超额执行政策。此时，地方政府是一种善政
决策。

象征性执行。当地方政府注意力较高，并且面临很多行政发包
任务时，地方政府会象征性执行政策。当地方政府高度关注某一议
题，但政策目标超过了地区实际条件和地方政府实际能力时，象征
性执行可以看作决策者维护自己地区合法性的一种应对策略。这表
达了地方政府关注的注意力焦点，以及想要完成政策目标的一种态
度，但缺乏具体实现目标的途径。而激励和问责机制的缺失则导致
了表面活动、表面文章等形式主义盛行。这是地方政府为了应付上
级检查的避责决策。

行政性执行。当地方政府注意力较低，且面临的行政发包任务
也较少时，地方政府会采取行政性执行，这类似理想化的科层制模
式。在此情境下，各职能部门各司其职并执行政策，职能部门间不

存在交流协调的冲突与困难，各个职能部门清楚自身的职责和任务，不需要领导过多重视，就可以使政策很顺利地执行。地方政府领导更多的是负责人事，而不是具体的事务。

选择性执行。当地方政府注意力低，且面临的行政发包任务较多时，地方政府会选择性执行政策。此时，各个职能部门间存在权责不清、沟通交流不畅等困境。由于资源受限，政策执行的难度较大，各个职能部门可能会选择性执行对自己部门最有利的政策。

二 如何看待执行行为转换

本书认为，影响地方政府政策执行行为转换的关键不是物质资源的约束，而是行政发包制下任务多重性与注意力资源有限性之间的矛盾。地方政府在面临上级多个任务目标时，会对不同任务进行排序和取舍。而地方政府官员是有限理性的，对自己合理的决策可能并不是正确的决策。行政发包制使地方政府领导对地方事务拥有主要行政责任。当技术上无法设计不同的激励和评价考核机制时，就导致中国现有体制下地方政府的策略决策。策略决策下的相机执行是指地方政府政策执行行为在四种执行中不断转换，以适应地方政府的实际需要。

面对地方政府的政策不作为等行为，中央政府会开展不同类型的专项治理工作，以吸引地方政府的注意力。这种中国特有的形式能够发挥集中力量办大事的制度优势。具体而言，上级政府通过吸引地方政府注意力，使他们在局部范围内投入很高的注意力。这解释了政治性执行的几个特征：第一，政治性执行主要集中在通过量化考核的硬指标上。第二，这种执行是间歇性的。第三，高度重视和常态考核均衡之间的困难。如果把所有注意力资源都放到一个议题上是不现实的，这也就意味着高度重视某项议题是以牺牲其他行政发包任务议题为代价的。

注意力竞争是长期以来公共管理学界关心的问题。一些学者通过研究发现，强激励塑造了对注意力的争夺（赖诗攀，2020）以及注意力存在差序竞争（练宏，2016）等。这些文献均假设地方政府有能力处理好不同议题间的注意力分配来研究政策执行行为。本书关于政策执行行为的分析进一步区分了注意力质量，即注意力来源因素。具体而言，注意力资源好坏并存，我们不能简单地认为地方政府缺乏获取注意力的信息。政策有效执行取决于地方政府如何进行决策，这有助于丰富和推进人们关于中国政策执行的理解。

三 如何理解执行行为差异

关于政府注意力在政策执行中的作用，有研究分析了政策执行效力的波动（黄冬娅，2020）。但是，即使是同一个地方政府，其注意力的来源可能也是不一样的。一方面，以 GDP 增长为导向的预期性政策是地方政府根据地区实际自己提出的，在"晋升锦标赛"的激励下，注意力的来源是一种内在动力（周黎安，2007）。另一方面，约束性指标政策是由上级负责制定目标并层层分解，下级政府负责执行，注意力的来源是一种外在压力。从这个意义上讲，约束性指标政策是和其他行政发包任务间冲突最多的政策。地方政府可以选择执行行为的模式，但这未必能完全保证完成上级制定的政策目标。

象征性执行的一个可能解释是：地方政府没有重视环境，所以导致了不好的政策执行结果。本书结合注意力基础观和行政发包制的互动提供了另外一个解读：政治性执行是一种善政决策逻辑，而象征性执行则是指当前任务和其他任务冲突时，地方政府再决策以适应地区实际情况的执行，这是一种避责决策逻辑。由此引发的一个重要的结论是，地方政府的注意力来源是重要的，即是问题导向的决策还是答案导向的决策，对一个地区的政策执行非常关键。这关系到地方政府从政治性执行到象征性执行的行为转换。

注意力基础观与行政发包制的有机结合，实际上是将环境政治学和行政发包制有机融合起来了。从政府内部间的关系来说，地方政府注意力有利于解决集体行动困境；从纵向层级间的关系来看，上级的过度重视则不一定会带来好的执行结果。关于基层政府的合谋和变通现象也可以得到解析。压力型体制背景下，注意力有限性和任务多重性之间的矛盾使地方政府只能在重视到相关议题后进行再决策，以适应地区实际。但是，这种决策并不一定会带来好的政策执行结果。上级政府既要通过非正式制度激励下级做事，又要从正式制度出发规范下级行为。在注意力的视角下，正式制度下的注意力来源更有效。

注意力基础观和纵向行政发包的互补性还体现在，如果上级把所有的政治任务都纳入"一票否决"，那么这将直接影响注意力质量，地方官员手中的自由裁量权也会变成一种不利因素。有研究表明，反腐败运动在加强领导权力的同时，削弱了正式制度的作用（Zhu et al.，2019）。

第二节　研究结论

地方政府环境注意力对于环境政策执行行为转换的作用机制主要聚焦于组织决策的解释过程。目前普遍流行的观点是假定地方政府有能力实现合理的注意力分配，即高注意力会有好的政策执行结果，而忽略了地方政府内部决策的过程。本书对此进行了回应。

结论1：基于注意力视角，对"地方政府环境注意力如何影响环境政策执行"这一问题展开嵌入式单案例研究，以 Z 县环境政策执行为研究对象，本书发现地方政府的环境政策执行行为呈现出注意力焦点下善政决策、注意力情境下邀功决策、注意力分配下避责决策三重决策逻辑，进而构建了"地方政府政策执行行为转换"模型，从"关注—解释—行动"3 个阶段系统阐释了地方政府注意力如何影响环境政策执行的内在逻辑。注意力对于执行行为转换的作用机制主要聚焦于组织决策的解释过程。

结论2：在政策执行中，中央生态环境保护督察制度的严格落实将有利于提高地方政府环境注意力，保证决策的效果，提高环境政策执行质量。本书基于2011—2018 年中国地级行政区面板数据，通过构建多期双重差分模型评估了中央生态环境保护督察制度对地方政府环境政策执行的因果效应，并识别了注意力的潜在影响机制。研究结果表明：第一，中央生态环境保护督察制度显著促进了地方政府的环境政策有效执行；第二，考虑内生性分析、样本选择性偏误及安慰剂检验后结论依旧稳健；第三，中央生态环境保护督察制度改善了地方政府决策环境，注意力质量提高保证了地方政府环境政策执行行为的有效性。

结论3：地方政府环境注意力会影响地方政府环境政策执行行为。地方政府的环境政策执行行为是组织引导和配置决策者注意力的结果。政府的注意力基础观在注意力来源、注意力配置和注意力质量三个维度上相互配合，适合解释府际关系下公共政策执行者的决策逻辑。解释公共政策执行就是解释组织的注意力分配如何影响政策执行主体的行为。以 259 个中国地级行政区 2011—2018 年的面板数据为样本，本书发现非正式制度压力过高和组织规模过大会削弱地方政府环境注意力与环境政策执行力之间的正向关系。从组织外部情境看，当非正式制度压力过高时，影响了地方政府注意力的决策环境，不利于地方政府围绕环境保护议题有效执行环境政策。从组织内部情境看，组织规模越大，则地方政府在执行环境政策决策时所受的约束越大，越不容易依照环境注意力所关注的焦点进行决策，而且也不利于执行环境政策。

结论4：地方政府环境注意力对中国环境政策执行力影响显著。基于行政发包制理论和注意力基础观，以 259 个中国地级行政区 2011—2018 年的面板数据为样本，本书发现地方政府环境注意力与环境政策执行力之间存在倒"U"形关系。地方政府环境注意力提高了地方政府对生态环境治理的理解程度，然而，当压力型体制下的环境注意力分配超过地方政府的现实条件和实际能力时却会诱发地方政府的避责行为，形式上完成政策目标的行为导致政策执行力的下降。

结论5：政策执行是横向注意力竞争与纵向行政发包的有机结合体，政策执行最大的瓶颈不在于物质资源的约束，而在于行政发包制下任务多重性与注意力资源有限性之间的矛盾。地方政府官员是有限理性的政治人，他们有实现政绩的动机。当地方政府同时面临多个政策目标时，会对不同的任务进行排序和取舍，合乎情理的决策模式并不能保证决策的正确。当技术上无法设计差异化的激励和评价考核机制时，就会导致中国现有体制下地方政府的策略决策。策略决策下的相机执行是指地方政府政策执行行为不断转换，以适应地方政府的实际需要。

本书的主要目的在于引起人们对注意力问题的重视，在动辄强调强激励的今天，如何纠正地方政府政策执行中存在的重形式、象征性执行和形式主义等现象，促进各级地方政府由结果导向决策向问题导向决策的转型就显得至关重要。

第三节　政策建议

本书研究表明地方政府环境注意力改变了地方政府的环境政策执行行为，进而影响了环境政策执行力。但是，这种改变建立在注意力并非绝对有效的基础之上。相比注意力的多少，政策执行的关键在于地方政府如何有效决策。注意力质量受到组织内外部环境等因素的影响，而地方政府的策略决策在一定程度上规避了压力型体制和有效治理之间的矛盾。针对这一情况，本书提出如下建议：

首先，应当进一步加强制度约束而不是提高非正式制度压力。在约束性指标环境政策领域，单纯提高地方政府环境注意力对环境政策执行行为的影响有限。非正式制度压力不仅影响了地方政府的决策环境，而且诱发了地方政府的避责逻辑，降低了环境政策执行力。因此，应当进一步加强和完善中央生态环境保护督察制度。具体而言，第一，建立科学决策流程，规范领导行为；第二，完善监督体系，提高人大监督、公众和新闻媒体监督的地位；第三，加强制度建设，用制度管人替代人管人。

其次，必须坚持问题导向，加强中央政府和各级政府对环境治理的决心。领导重视既有利于端正政策执行人员的执行态度，也可以使政策执行获得人力、物力等方面资源的支持。因此，一方面，要规范行政部门划分，落实各个岗位的职责，优化组织架构、削减中间管理层来减少政策执行的中间环节。另一方面，要重视人力资源，提高政策执行人员素质，在选人、用人、培训、激励、物质、精神、职业发展等方面多重考量。

再次，在约束性指标环境政策领域，应当充分结合正式制度压力和非正式制度压力，注重提高地方政府注意力的质量。非正式制度压力过高导致了地方政府口号多、实际行动少，没有认真抓好落实工作；政府规模过大导致了部门协调机制不合理、部门间相互掣肘。因此，既要通过正式制度建立合理的运行机制，确保地方政府有效决策；也要通过非正式制度为政策执行提供充足的人、财、物和技术等资源以解决部门间的冲突。

最后，约束性指标目标的设置要更加科学和因地制宜。当地方政府面临多重任务、多种目标和压力时，地方政府缺少的不是信息，而是如何分配其有限的注意力。文山会海使地方政府花在开会、学习文件上的时间多，抓落实、抓检查、抓监督的时间相应减少，政策执行的有效度降低。因此，不仅要制定合理战略，增强政策可执行的基础，而且要完善资源配置机制，规范执行流程，健全协调机制。

第四节　研究中的不足和展望

本书是对地方政府环境政策执行行为的研究，研究不足主要表现为以下三个方面：

第一，单案例研究的理论构建是探索性的。本书基于 Z 县环境政策执行的单案例研究，通过两阶段编码对半结构化访谈资料进行分析，并采用多重数据来源进行三角验证，构建了地方政府政策执行行为转换模型。这一模型解释了地方政府注意力影响政策执行行为转换的机制，并从理性行为体模式、组织行为模式和政府政治模式三个维度实证检验了这一理论框架。但是，案例研究的规范性设计存在一定的研究不足，对环境政策执行问题分析偏重概念化。首先，对于单案例研究中维度的概念及转换模型的内涵还需要进一步厘清，对于影响地方政府决策的因素也需要更多研究。其次，单案例研究的理论建构基于 Z 县政府一个地区，也需要多案例研究进一步证实。最后，掌握一手调查资料不够充分，研究的访谈对象、研究信度和效度也受到研究条件的限制，未来研究可以拓展研究对象和研究地区。

第二，实证研究研究设计规范性不足。实证研究中操作性概念还不够规范，这一问题主要集中于注意力的测量和环境政策执行力的测量。首先，注意力的测量虽然采用了机器学习加人工筛选的方式，但是数据的来源是地方政府工作报告，缺乏对地方政府领导批示、开会等其他方式的测量。其次，环境政策执行力的测量虽然采用了多种目标设定方式，但是这与地方政府每年设定的实际目标可能还是会有一定的偏差。因此，这些实证研究只是初步尝试，未来研究需要更多的修正，并逐步加以规范。

第三，研究对象的全面性。一方面，由于政府官员身份的特殊性，本书访谈对象数量有限而且也可能因为各种原因导致访谈信度损失。另一方面，本书关注约束性指标环境政策，对于没有纳入"一票否决"和不可量化的公共政策，可能政策执行过程并不相同。

接下来的研究，可以从以下几个方面进行：

第一，政府的注意力基础观理论研究。本书只是提出了一个研究视角，考虑到企业与政府组织的区别，借用企业的注意力基础观研究政府行为是否具有可行性，还需要更多的研究来进一步说明和佐证。

第二，地方政府环境注意力对环境政策执行力的定量研究。首先，本书对于地方政府环境注意力对环境政策执行力的研究采用的是地级行政区的面板数据，考虑到中国地级行政区数据的可靠性，未来研究可采用县区级层面与环境政策执行相关的面板数据以及更长时间的面板数据进行检验。其次，特别是考虑数据真实性的问题，可以采用多渠道数据来源收集数据。最后，本书缺少对不同地方政府间政策执行力差异的分析，未来研究可以对各个地方政府注意力质量与政策执行效果之间进行对比，这将对地方政府如何有效执行政策提供有益的借鉴。

第三，在环境政策执行力的测量中，本书用 5 年减排目标的平均值代表每年减排率，并进行了多种目标设定的尝试。然而，事实上地方政府的政策目标可能是不断变化的。因此，接下来的研究可以收集各个地方政府每年度的具体目标，根据实际目标值对地方政府环境注意力与环境政策执行力间的关系进行实证检验。

第四，对政府环境注意力测量的进一步完善。本书通过对地方政府工作报告进行文本分析加机器学习的方法对地方政府环境注意力进行了测量。但是在实际情况中，领导批示、视察、参评以及创建生态保护相关的示范城市等具体活动也可作为地方政府环境注意力的测量依据。受限于研究条件，本书并未对这些行为进行测量。未来研究可以在现有研究的基础上，增加对注意力来源多渠道的测量，以此进一步分析注意力的变化。

第五，在中央生态环境保护督察制度对地方政府环境政策执行的研究中，本书只是把中央生态环境保护督察实施的当年视作中央生态环境保护督察制度实施的年份，未来的研究可以进行更详细的划分。如对中央生态环境保护督察和各省份生态环境保护督察进行区分、根据生态环境保护督察实施的月份进行进一步研究等，并考虑中央生态环境保护督察制度长期效应的影响。

参考文献

一　中文文献

陈晓萍、徐淑英、樊景立主编：《组织与管理研究的实证方法》（第二版），北京大学出版社 2012 年版。

费孝通：《乡土中国》，上海人民出版社 2006 年版。

李亮、刘洋、冯永春编著：《管理案例研究：方法与应用》，北京大学出版社 2020 年版。

钱穆：《中国历代政治得失（新校本）》，九州出版社 2012 年版。

冉冉：《中国地方环境政治：政策与执行之间的距离》，中央编译出版社 2015 年版。

荣敬本等：《从压力型体制向民主合作体制的转变：县乡两级政治体制改革》，中央编译出版社 1998 年版。

周黎安：《转型中的地方政府：官员激励与治理》（第二版），格致出版社、上海三联书店、上海人民出版社 2017 年版。

周雪光：《中国国家治理的制度逻辑：一个组织学研究》，生活·读书·新知三联书店 2017 年版。

周雪光：《组织社会学十讲》，社会科学文献出版社 2003 年版。

陈辉：《县域治理中的领导注意力分配》，《求索》2021 年第 1 期。

陈家建、边慧敏、邓湘树：《科层结构与政策执行》，《社会学研究》2013 年第 6 期。

陈家建、张琼文、胡俞：《项目制与政府间权责关系演变：机制及其影响》，《社会》2015 年第 5 期。

陈那波、卢施羽：《场域转换中的默契互动——中国"城管"的自由裁量行为及其逻辑》，《管理世界》2013 年第 10 期。

陈胜蓝、刘晓玲：《中国城际高铁与商业信用供给——基于准自然实验的研究》，《金融研究》2019 年第 10 期。

陈水生：《项目制的执行过程与运作逻辑——对文化惠民工程的政策学考察》，《公共行政评论》2014 年第 3 期。

陈思丞、孟庆国：《领导人注意力变动机制探究——基于毛泽东年谱中 2614 段批示的研究》，《公共行政评论》2016 年第 3 期。

陈晓红、蔡思佳、汪阳洁：《我国生态环境监管体系的制度变迁逻辑与启示》，《管理世界》2020 年第 11 期。

陈晓运：《跨域治理何以可能：焦点事件、注意力分配与超常规执行》，《深圳大学学报》（人文社会科学版）2019 年第 3 期。

崔晶：《"运动式应对"：基层环境治理中政策执行的策略选择——基于华北地区 Y 小镇的案例研究》，《公共管理学报》2020 年第 4 期。

丁煌：《利益分析：研究政策执行问题的基本方法论原则》，《广东行政学院学报》2004 年第 3 期。

丁煌：《我国现阶段政策执行阻滞及其防治对策的制度分析》，《政治学研究》2002 年第 1 期。

丁煌：《研究政策执行问题必须遵循科学的方法论》，《北京行政学院学报》2003 年第 1 期。

丁煌：《政策制定的科学性与政策执行的有效性》，《南京社会科学》2002 年第 1 期。

丁煌、定明捷：《"上有政策、下有对策"——案例分析与博弈启示》，《武汉大学学报》（哲学社会科学版）2004 年第 6 期。

丁煌、定明捷：《国外政策执行理论前沿评述》，《公共行政评论》2010 年第 1 期。

丁煌、汪霞：《地方政府政策执行力的动力机制及其模型构建——以协同学理论为视角》，《中国行政管理》2014 年第 3 期。

关斌：《地方政府环境治理中绩效压力是把双刃剑吗？——基于公共价值冲突视角的实证分析》，《公共管理学报》2020 年第 2 期。

郭高晶、孟溦：《中国（上海）自由贸易试验区政府职能转变的注意力配置研究——基于 83 篇政策文本的加权共词分析》，《情报杂志》2018 年第 2 期。

郭剑鸣、刘黄娟：《我国基层公务员的心理障碍及其心灵治理》，《厦门大学学报》（哲学社会科学版）2019 年第 4 期。

韩艺、谢婷、刘莎莎：《中央环保督察效用逻辑中的地方政府环境治理行为调适》，《中国人口·资源与环境》2021 年第 5 期。

韩志明：《街头官僚的行动逻辑与责任控制》，《公共管理学报》2008 年第 1 期。

贺东航、孔繁斌：《公共政策执行的中国经验》，《中国社会科学》2011 年第 5 期。

贺东航、孔繁斌：《中国公共政策执行中的政治势能——基于近 20 年农村林改政策的分析》，《中国社会科学》2019 年第 4 期。

贺东航、孔繁斌：《重大公共政策"政治势能"优劣利弊分析——兼论"政治势能"研究的拓展》,《公共管理与政策评论》2020 年第 4 期。

胡楠、薛付婧、王昊楠:《管理者短视主义影响企业长期投资吗?——基于文本分析和机器学习》,《管理世界》2021 年第 5 期。

胡业飞、崔杨杨:《模糊政策的政策执行研究——以中国社会化养老政策为例》,《公共管理学报》2015 年第 2 期。

黄冬娅:《压力传递与政策执行波动——以 A 省 X 产业政策执行为例》,《政治学研究》2020 年第 6 期。

黄庆杰、占绍文:《我国农村医疗保障政策执行困难的政策分析》,《学术探索》2003 年第 4 期。

黄森慰、唐丹、郑逸芳:《农村环境污染治理中的公众参与研究》,《中国行政管理》2017 年第 3 期。

金刚、沈坤荣:《以邻为壑还是以邻为伴?——环境规制执行互动与城市生产率增长》,《管理世界》2018 年第 12 期。

赖诗攀:《强激励效应扩张:科层组织注意力分配与中国城市市政支出的"上下"竞争(1999—2010)》,《公共行政评论》2020 年第 1 期。

李宇环:《邻避事件治理中的政府注意力配置与议题识别》,《中国行政管理》2016 年第 9 期。

李元、严强:《治理式执行:压力型体制视角下的地方政府政策执行——基于 A 县治理中小学大班额的分析》,《江海学刊》2016 年第 5 期。

练宏:《注意力竞争——基于参与观察与多案例的组织学分析》,《社会学研究》2016 年第 4 期。

练宏:《专栏导语:中国政府行为的注意力分配研究何以有特色?》,《公共行政评论》2020 年第 1 期。

林梅：《环境政策实施机制研究——一个制度分析框架》，《社会学研究》2003 年第 1 期。

刘军强、谢延会：《非常规任务、官员注意力与中国地方议事协调小组治理机制——基于 A 省 A 市的研究（2002—2012）》，《政治学研究》2015 年第 4 期。

刘维刚、周凌云、李静：《生产投入的服务质量与企业创新——基于生产外包模型的分析》，《中国工业经济》2020 年第 8 期。

刘张立、吴建南：《中央环保督察改善空气质量了吗？——基于双重差分模型的实证研究》，《公共行政评论》2019 年第 2 期。

马原：《督政与简政的"平行渐进"：环境监管的中国逻辑》，《中国行政管理》2021 年第 5 期。

梅赐琪、刘志林：《行政问责与政策行为从众："十一五"节能目标实施进度地区间差异考察》，《中国人口·资源与环境》2012 年第 12 期。

莫勇波：《提升地方政府政策执行力的路径选择——基于制度创新角度的探析》，《云南行政学院学报》2005 年第 6 期。

倪星、王锐：《权责分立与基层避责：一种理论解释》，《中国社会科学》2018 年第 5 期。

庞明礼：《领导高度重视：一种科层运作的注意力分配方式》，《中国行政管理》2019 年第 4 期。

庞明礼、陈念平：《一针何以穿千线：城管执法的注意力分配策略》，《治理研究》2020 年第 5 期。

彭云、冯猛、周飞舟：《差异化达标"作为"：基层干部的行动逻辑——基于 M 县精准扶贫实践的个案》，《华中师范大学学报》（人文社会科学版）2020 年第 2 期。

钱再见、金太军：《公共政策执行主体与公共政策执行"中梗阻"现象》,《中国行政管理》2002 年第 2 期。

冉冉:《"压力型体制"下的政治激励与地方环境治理》,《经济社会体制比较》2013 年第 3 期。

冉冉:《道德激励、纪律惩戒与地方环境政策的执行困境》,《经济社会体制比较》2015 年第 2 期。

冉冉:《如何理解环境治理的"地方分权"悖论:一个推诿政治的理论视角》,《经济社会体制比较》2019 年第 4 期。

冉冉:《中国环境政治中的政策框架特征与执行偏差》,《教学与研究》2014 年第 5 期。

任丙强:《地方政府环境政策执行的激励机制研究:基于中央与地方关系的视角》,《中国行政管理》2018 年第 6 期。

申伟宁、柴泽阳、张韩模:《异质性生态环境注意力与环境治理绩效——基于京津冀〈政府工作报告〉视角》,《软科学》2020 年第 9 期。

孙伟增、罗党论、郑思齐、万广华:《环保考核、地方官员晋升与环境治理——基于 2004—2009 年中国 86 个重点城市的经验证据》,《清华大学学报》(哲学社会科学版)2014 年第 4 期。

孙雨:《中国地方政府"注意力强化"现象的解释框架——基于 S 省 N 市环保任务的分析》,《北京社会科学》2019 年第 11 期。

孙志建:《迈向助推型政府监管:机理、争论及启示》,《甘肃行政学院学报》2018 年第 4 期。

孙宗锋、孙悦:《组织分析视角下基层政策执行多重逻辑探析——以精准扶贫中的"表海"现象为例》,《公共管理学报》2019 年第 3 期。

唐啸、陈维维:《动机、激励与信息——中国环境政策执行的理论框架与类型学分析》,《国家行政学院学报》2017 年第 1 期。

唐啸、胡鞍钢、杭承政：《二元激励路径下中国环境政策执行——基于扎根理论的研究发现》，《清华大学学报》（哲学社会科学版）2016 年第 3 期。

陶鹏：《论政治注意力研究的基础观与本土化》，《上海行政学院学报》2019 年第 6 期。

陶鹏、初春：《府际结构下领导注意力的议题分配与优先：基于公开批示的分析》，《公共行政评论》2020 年第 1 期。

万倩雯、卫田、刘杰：《弥合社会资本鸿沟：构建企业社会创业家与金字塔底层个体间的合作关系——基于 LZ 农村电商项目的单案例研究》，《管理世界》2019 年第 5 期。

王汉生、王一鸽：《目标管理责任制：农村基层政权的实践逻辑》，《社会学研究》2009 年第 2 期。

王鸿儒、陈思丞、孟天广：《高管公职经历、中央环保督察与企业环境绩效——基于 A 省企业层级数据的实证分析》，《公共管理学报》2021 年第 1 期。

王家峰：《认真对待民主治理中的注意力——评〈再思民主政治中的决策制定：注意力、选择和公共政策〉》，《公共行政评论》2013 年第 5 期。

王岭、刘相锋、熊艳：《中央环保督察与空气污染治理——基于地级城市微观面板数据的实证分析》，《中国工业经济》2019 年第 10 期。

王仁和、任柳青：《地方环境政策超额执行逻辑及其意外后果——以 2017 年煤改气政策为例》，《公共管理学报》2021 年第 1 期。

王鑫、于秀琴、朱婧：《数字治理视角下县级政府治理现代化的评估体系研究》，《中国行政管理》2019 年第 12 期。

王雄元、卜落凡：《国际出口贸易与企业创新——基于"中欧班列"开通的准自然实验研究》，《中国工业经济》2019 年第 10 期。

王学杰：《我国公共政策执行力的结构分析》，《中国行政管理》2008 年第 7 期。

王亚华：《中国用水户协会改革：政策执行视角的审视》，《管理世界》2013 年第 6 期。

王印红、李萌竹：《地方政府生态环境治理注意力研究——基于 30 个省市政府工作报告（2006—2015）文本分析》，《中国人口·资源与环境》2017 年第 2 期。

王宇、李海洋：《管理学研究中的内生性问题及修正方法》，《管理学季刊》2017 年第 3 期。

王雨磊：《数字下乡：农村精准扶贫中的技术治理》，《社会学研究》2016 年第 6 期。

王智睿、赵聚军：《运动式环境治理的类型学研究——基于多案例的比较分析》，《公共管理与政策评论》2021 年第 2 期。

文宏：《中国政府推进基本公共服务的注意力测量——基于中央政府工作报告（1954—2013）的文本分析》，《吉林大学社会科学学报》2014 年第 2 期。

吴建祖、毕玉胜：《高管团队注意力配置与企业国际化战略选择——华为公司案例研究》，《管理学报》2013 年第 9 期。

吴建祖、龚敏：《基于注意力基础观的 CEO 自恋对企业战略变革影响机制研究》，《管理学报》2018 年第 11 期。

吴建祖、王蓉娟：《环保约谈提高地方政府环境治理效率了吗？——基于双重差分方法的实证分析》，《公共管理学报》2019 年第 1 期。

吴建祖、曾宪聚：《管理决策的注意力基础观》，《管理学家》

（学术版）2010 年第 12 期。

吴建祖、曾宪聚、赵迎：《高层管理团队注意力与企业创新战略——两职合一和组织冗余的调节作用》，《科学学与科学技术管理》2016 年第 5 期。

吴少微、杨忠：《中国情境下的政策执行问题研究》，《管理世界》2017 年第 2 期。

武晗、王国华：《注意力、模糊性与决策风险：焦点事件何以在回应型议程设置中失灵？——基于 40 个案例的定性比较分析》，《公共管理学报》2021 年第 1 期。

项目综合报告编写组：《〈中国长期低碳发展战略与转型路径研究〉综合报告》，《中国人口·资源与环境》2020 年第 11 期。

肖红军、阳镇、姜倍宁：《企业社会责任治理的政府注意力演化——基于 1978—2019 中央政府工作报告的文本分析》，《当代经济科学》2021 年第 2 期。

谢孟希、陈玲：《运动式治理降低环境信息公开质量？——实证依据与理论解释》，《公共管理评论》2021 年第 2 期。

徐岩、范娜娜、陈那波：《合法性承载：对运动式治理及其转变的新解释——以 A 市 18 年创卫历程为例》，《公共行政评论》2015 年第 2 期。

许明、李逸飞：《最低工资政策、成本不完全传递与多产品加成率调整》，《经济研究》2020 年第 4 期。

颜德如、张玉强：《中国环境治理研究（1998—2020）：理论、主题与演进趋势》，《公共管理与政策评论》2021 年第 3 期。

杨代福、李松霖：《社会政策执行力及其影响因素的定量分析：以重庆市户籍改革为例》，《社会主义研究》2016 年第 2 期。

杨帆、王诗宗：《中央与地方政府权力关系探讨——财政激励、绩效考核与政策执行》，《公共管理与政策评论》2015 年第 3 期。

杨帆、章志涵：《"繁文缛节"如何影响专项治理绩效？——基于基层政府数据的混合研究》，《公共管理评论》2020 年第 4 期。

杨宏山：《创制性政策的执行机制研究——基于政策学习的视角》，《中国人民大学学报》2015 年第 3 期。

杨宏山：《情境与模式：中国政策执行的行动逻辑》，《学海》2016 年第 3 期。

杨宏山：《政策执行的路径—激励分析框架：以住房保障政策为例》，《政治学研究》2014 年第 1 期。

杨雪冬：《压力型体制：一个概念的简明史》，《社会科学》2012 年第 11 期。

殷浩栋、汪三贵、郭子豪：《精准扶贫与基层治理理性——对于 A 省 D 县扶贫项目库建设的解构》，《社会学研究》2017 年第 6 期。

郁建兴、刘殷东：《纵向政府间关系中的督察制度：以中央环保督察为研究对象》，《学术月刊》2020 年第 7 期。

袁方成、康红军：《"张弛之间"：地方落户政策因何失效？——基于"模糊—冲突"模型的理解》，《中国行政管理》2018 年第 1 期。

曾润喜、朱利平：《晋升激励抑制了地方官员环境注意力分配水平吗?》，《公共管理与政策评论》2021 年第 2 期。

张程：《数字治理下的"风险压力—组织协同"逻辑与领导注意力分配——以 A 市"市长信箱"为例》，《公共行政评论》2020 年第 1 期。

张明、蓝海林、陈伟宏：《企业注意力基础观研究综述——知识基础、理论演化与研究前沿》，《经济管理》2018 年第 9 期。

张则行、何精华：《党的十八大以来我国环境管理体制的重塑路径研究——基于组织"内部控制"视角的分析框架》，《中国行政管理》2020 年第 7 期。

章文光、刘志鹏：《注意力视角下政策冲突中地方政府的行为逻辑——基于精准扶贫的案例分析》，《公共管理学报》2020 年第 4 期。

赵晨、高中华、陈国权：《问题情境、注意力质量与组织从偶发事件中学习：以民用航空事故为例》，《系统工程理论与实践》2017 年第 1 期。

郑石明、雷翔、易洪涛：《排污费征收政策执行力影响因素的实证分析——基于政策执行综合模型视角》，《公共行政评论》2015 年第 1 期。

郑思尧、孟天广：《环境治理的信息政治学：中央环保督察如何驱动公众参与?》，《经济社会体制比较》2021 年第 1 期。

钟海：《权宜性执行：村级组织政策执行与权力运作策略的逻辑分析——以陕南 L 贫困村精准扶贫政策执行为例》，《中国农村观察》2018 年第 2 期。

周飞舟：《分税制十年：制度及其影响》，《中国社会科学》2006 年第 6 期。

周飞舟：《政府行为与中国社会发展——社会学的研究发现及范式演变》，《中国社会科学》2019 年第 3 期。

周国雄：《论公共政策执行力》，《探索与争鸣》2007 年第 6 期。

周黎安：《行政发包制：一种混合治理形态》，《文化纵横》2015 年第 1 期。

周黎安：《行政发包制》，《社会》2014 年第 6 期。

周黎安：《中国地方官员的晋升锦标赛模式研究》，《经济研究》2007 年第 7 期。

周雪光：《基层政府间的"共谋现象"——一个政府行为的制

度逻辑》，《社会学研究》2008 年第 6 期。

周雪光：《权威体制与有效治理：当代中国国家治理的制度逻辑》，《开放时代》2011 年第 10 期。

周雪光：《运动型治理机制：中国国家治理的制度逻辑再思考》，《开放时代》2012 年第 9 期。

周雪光、练宏：《政府内部上下级部门间谈判的一个分析模型——以环境政策实施为例》，《中国社会科学》2011 年第 5 期。

周雪光、练宏：《中国政府的治理模式：一个"控制权"理论》，《社会学研究》2012 年第 5 期。

周志忍：《论行政改革动力机制的创新》，《行政论坛》2010 年第 2 期。

庄垂生：《政策变通的理论：概念、问题与分析框架》，《理论探讨》2000 年第 6 期。

庄玉乙、胡蓉：《"一刀切"抑或"集中整治"？——环保督察下的地方政策执行选择》，《公共管理评论》2020 年第 4 期。

庄玉乙、胡蓉、游宇：《环保督察与地方环保部门的组织调适和扩权——以 H 省 S 县为例》，《公共行政评论》2019 年第 2 期。

［美］格雷厄姆·艾利森、菲利普·泽利科：《决策的本质：还原古巴导弹危机的真相》，王伟光、王云萍译，商务印书馆 2015 年版。

［美］罗伯特·D·帕特南：《使民主运转起来》，王列、赖海榕译，江西人民出版社 2001 年版。

二　外文文献

Aviram, N. F., Cohen, N., Beeri, I., "Wind（ow）of Change：A Systematic Review of Policy Entrepreneurship Characteristics and Strategies", *Policy Studies Journal*, Vol. 48, No. 3, 2020.

Battaglio, R. P. , Belardinelli, P. , Belle, N. , Cantarelli, P. , "Behavioral Public Administration ad fontes: A Synthesis of Research on Bounded Rationality, Cognitive Biases, and Nudging in Public Organizations", *Public Administration Review*, Vol. 79, No. 3, 2019.

Beck, T. , Levine, R. , Levkov, A. , "Big Bad Banks? The Winners and Losers from Bank Deregulation in the United States", *Journal of Finance*, Vol. 65, No. 5, 2010.

Berman, P. , "The Study of Macro-and Micro-Implementation", *Public Policy*, Vol. 26, No. 2, 1978.

Bouquet, C. , Morrison, A. , Birkinshaw, J. , "International Attention and Multinational Enterprise Performance", *Journal of International Business Studies*, Vol. 40, No. 1, 2009.

Brunjes, B. M. , Kellough, J. E. , "Representative Bureaucracy and Government Contracting: A Further Examination of Evidence from Federal Agencies", *Journal of Public Administration Research and Theory*, Vol. 28, No. 4, 2018.

Cairney, P. , Jones, M. D. , "Kingdon's Multiple Streams Approach: What Is the Empirical Impact of this Universal Theory?", *Policy Studies Journal*, Vol. 44, No. 1, 2016.

Chaebo, G. , Medeiros, J. J. , "Conditions for Policy Implementation Via Co-production: the Control of Dengue Fever in Brazil", *Public Management Review*, Vol. 19, No. 10, 2017.

Cohen, M. D. , March, J. G. , Olsen, J. P. , "A Garbage Can Model of Organizational Choice", *Administrative Science Quarterly*, Vol. 17, No. 1, 1972.

Corley, K. G. , Gioia, D. A. , "Identity Ambiguity and Change in the Wake of a Corporate Spin-off", *Administrative Science Quarterly*, Vol. 49, No. 2, 2004.

Creswell, J. W., *A Concise Introduction to Mixed Methods Research*, Thousand Oaks, California: SAGE Publications, Inc., 2014.

Creswell, J. W., Clark, V. L. P., *Designing and Conducting Mixed Methods Research*, Thousand Oaks, California: Sage Publications, Inc., 2017.

Davenport, T. H., Beck, J. C., *The Attention Economy: Understanding the New Currency of Business*, Boston: Harvard Business Review Press, 2001.

Davis, E. E., Krafft, C., Forry, N. D., "The Role of Policy and Practice in Short Spells of Child Care Subsidy Participation", *Journal of Public Administration Research and Theory*, Vol. 27, No. 1, 2016.

DeLeon, P., "The Missing Link Revisited: Contemporary Implementation Research", *Review of Policy Research*, Vol. 16, No. 3 – 4, 1999.

DeLeon, P., DeLeon, L., "What Ever Happened to Policy Implementation? An Alternative Approach", *Journal of Public Administration Research and Theory*, Vol. 12, No. 4, 2002.

Draca, M., Machin, S., Van Reenen, J., "Minimum Wages and Firm Profitability", *American Economic Journal-Applied Economics*, Vol. 3, No. 1, 2011.

Edelenbos, J., Klijn, E. H., "Project Versus Process Management in Public-Private Partnership: Relation Between Management Style and Outcomes", *International Public Management Journal*, Vol. 12, No. 3, 2009.

Eisenhardt, K. M., Graebner, M. E., "Theory Building From

Cases: Opportunities and Challenges", *Academy of Management Journal*, Vol. 50, No. 1, 2007.

Elmore, R. F., "Organizational Models of Social Program Implementation", *Public policy*, Vol. 26, No. 2, 1978.

Elmore, R. F., "Backward Mapping: Implementation Research and Policy Decisions", *Political Science Quarterly*, Vol. 94, No. 4, 1979.

Feiock, R. C., The Institutional Collective Action Framework, *Policy Studies Journal*, Vol. 41, No. 3, 2013.

Feiock, R. C., Krause, R. M. & Hawkins, C. V., "The Impact of Administrative Structure on the Ability of City Governments to Overcome Functional Collective Action Dilemmas: A Climate and Energy Perspective", *Journal of Public Administration Research and Theory*, Vol. 27, No. 4, 2017.

Fyall, R., "The Power of Nonprofits: Mechanisms for Nonprofit Policy Influence", *Public Administration Review*, Vol. 76, No. 6, 2016.

Fyall, R., "Nonprofits as Advocates and Providers: A Conceptual Framework", *Policy Studies Journal*, Vol. 45, No. 1, 2017.

Gassner, D., Gofen, A., "Street-Level Management: A Clientele-Agent Perspective on Implementation", *Journal of Public Administration Research and Theory*, Vol. 28, No. 4, 2018.

Gioia, D. A., Corley, K. G., Hamilton, A. L., "Seeking Qualitative Rigor in Inductive Research: Notes on the Gioia Methodology", *Organizational Research Methods*, Vol. 16, No. 1, 2013.

Goggin, M. L., *Implementation Theory and Practice: Toward a Third Generation*, Glenview, Ill.: Scott Foresman, 1990.

Gravier, M., Roth, C., "Bureaucratic Representation and the Rejection Hypothesis: A Longitudinal Study of the European Commission's Staff Composition (1980—2013)", *Journal of Public Administration Research and Theory*, Vol. 30, No. 1, 2020.

Grimmelikhuijsen, S., Jilke, S., Olsen, A. L., Tummers, L., "Behavioral Public Administration: Combining Insights from Public Administration and Psychology", *Public Administration Review*, Vol. 77, No. 1, 2017.

Haider, M., Teodoro, M. P., "Environmental Federalism in Indian Country: Sovereignty, Primacy, and Environmental Protection", *Policy Studies Journal*, Vol. 49, No. 3, 2021.

Hennart, J. F., "The Theoretical Rationale for a Multinationality-Performance Relationship", *Management International Review*, Vol. 47, No. 3, 2007.

Hill, M., Hupe, P., *Implementing Public Policy: Governance in Theory and in Practice*, London: Sage Publications Ltd., 2002.

Hjern, B., "Implementation Research—the Link Gone Missing", *Journal of Public Policy*, Vol. 2, No. 3, 1982.

Hjern, B., Porter, D. O., "Implementation Structures: A New Unit of Administrative Analysis", *Organization Studies*, Vol. 2, No. 3, 1981.

Howlett, M., "Governance Modes, Policy Regimes and Operational Plans: A Multi-Level Nested Model of Policy Instrument Choice and Policy Design", *Policy Sciences*, Vol. 42, No. 1, 2009.

Howlett, M., "Moving Policy Implementation Theory Forward: A Multiple Streams/Critical Juncture Approach", *Public Policy and Administration*, Vol. 34, No. 4, 2019.

Huang, X., Kim, S. E., "When Top-Down Meets Bottom-Up:

Local Adoption of Social Policy Reform in China", *Governance-an International Journal of Policy Administration and Institutions*, Vol. 33, No. 2, 2020.

Isett, K. R., Head, B. W., VanLandingham, G., "Caveat Emptor: What Do We Know about Public Administration Evidence and How Do We Know It?", *Public Administration Review*, Vol. 76, No. 1, 2016.

Jahiel, A. R., "The Contradictory Impact of Reform on Environmental Protection in China", *The China Quarterly*, No. 149, 1997.

Jones, B. D., Baumgartner, F. R., *The Politics of Attention: How Government Prioritizes Problems*, Chicago: University of Chicago Press, 2005.

Kettl, D. F., "Public Administration at the Millennium: The State of the Field", *Journal of Public Administration Research and Theory*, Vol. 10, No. 1, 2000.

Kingdon, J. W., *Agendas, Alternatives, and Public Policies*, New York: Little, Brown, 1984.

Kogan, V., "Administrative Centralization and Bureaucratic Responsiveness: Evidence from the Food Stamp Program", *Journal of Public Administration Research and Theory*, Vol. 27, No. 4, 2017.

Lecy, J. D., Mergel, I. A., Schmitz, H. P., "Networks in Public Administration: Current Scholarship in Review", *Public Management Review*, Vol. 16, No. 5, 2014.

Liang, J., "Latinos and Environmental Justice: Examining the Link between Degenerative Policy, Political Representation, and Environmental Policy Implementation", *Policy Studies Journal*, Vol. 46,

No. 1, 2018.

Lind, J. T., Mehlum, H., "With or Without U? The Appropriate Test for a U-Shaped Relationship", *Oxford Bulletin of Economics and Statistics*, Vol. 72, No. 1, 2010.

Lipsky, M., "Street-Level Bureaucracy and the Analysis of Urban Reform", *Urban Affairs Quarterly*, Vol. 6, No. 4, 1971.

Lipsky, M., *Street-Level Bureaucracy: Dilemmas of the Individual in Public Service*, New York: Russell Sage Foundation, 1980.

March, J. G., *Primer on Decision Making: How Decisions Happen*, New York: Free Press, 1994.

Matland, R. E., "Synthesizing the Implementation Literature: The Ambiguity-Conflict Model of Policy Implementation", *Journal of Public Administration Research and Theory*, Vol. 5, No. 2, 1995.

McLaughlin, M. W., "Learning From Experience: Lessons From Policy Implementation", *Educational Evaluation and Policy Analysis*, Vol. 9, No. 2, 1987.

Mele, V., Belardinelli, P., "Mixed Methods in Public Administration Research: Selecting, Sequencing, and Connecting", *Journal of Public Administration Research and Theory*, Vol. 29, No. 2, 2019.

Natesan, S. D., Marathe, R. R., "Literature Review of Public Policy Implementation", *International Journal of Public Policy*, Vol. 11, No. 4 - 6, 2015.

O'Toole Jr, L. J., "Policy Recommendations for Multi-Actor Implementation: An Assessment of the Field", *Journal of Public Policy*, Vol. 6, No. 2, 1986.

O'Toole Jr, L. J., "Interorganizational Policy Studies: Lessons

Drawn From Implementation Research", *Journal of Public Administration Research and Theory*, Vol. 3, No. 2, 1993.

O'Toole Jr, L. J., "Treating Networks Seriously: Practical and Research-Based Agendas in Public Administration", *Public Administration Review*, Vol. 57, No. 1, 1997.

O'Toole Jr, L. J., "Research on Policy Implementation: Assessment and Prospects", *Journal of Public Administration Research and Theory*, Vol. 10, No. 2, 2000.

O'Toole, L. J., "Effective Implementation in Practice: Integrating Public Policy and Management", *Journal of Public Administration Research and Theory*, Vol. 27, No. 2, 2017.

O'Toole, L. J., Montjoy, R. S., "Interorganizational Policy Implementation: A Theoretical Perspective", *Public Administration Review*, Vol. 44, No. 6, 1984.

Ocasio, W., "Towards an Attention-Based View of the Firm", *Strategic Management Journal*, Vol. 18, No. S1, 1997.

Ocasio, W., "Attention to Attention", *Organization Science*, Vol. 22, No. 5, 2011.

Omori, S., Tesorero, B. S., "Why Does Polycentric Governance Work for Some Project Sites and Not Others? Explaining the Sustainability of Tramline Projects in the Philippines", *Policy Studies Journal*, Vol. 48, No. 3, 2020.

Ostrom, E., *Governing the Commons: The Evolution of Institutions for Collective Action*, Cambridge; New York: Cambridge University Press, 1990.

Ostrom, E., "Coping with Tragedies of the Commons", *Annual*

Review of Political Science, Vol. 2, No. 1, 1999.

Park, A. Y. S., Krause, R. M. & Feiock, R. C., "Does Collaboration Improve Organizational Efficiency? A Stochastic Frontier Approach Examining Cities' Use of EECBG Funds", *Journal of Public Administration Research and Theory*, Vol. 29, No. 3, 2019.

Pemer, F. & Skjolsvik, T., "Adopt or Adapt? Unpacking the Role of Institutional Work Processes in the Implementation of New Regulations", *Journal of Public Administration Research and Theory*, Vol. 28, No. 1, 2018.

Pressman, J. L. & Wildavsky, A., *Implementation: How great expectations in Washington are dashed in Oakland*, Berkeley: University of California Press, 1973.

Rerup, C., "Attentional Triangulation: Learning from Unexpected Rare Crises", *Organization Science*, Vol. 20, No. 5, 2009.

Sabatier, P., Mazmanian, D., "The Implementation of Public Policy: A Framework of Analysis", *Policy Studies Journal*, Vol. 8, No. 4, 1980.

Sabatier, P. A., "Top-Down and Bottom-Up Approaches to Implementation Research: A Critical Analysis and Suggested Synthesis", *Journal of Public Policy*, Vol. 6, No. 1, 1986.

Sabatier, P. A., "An Advocacy Coalition Framework of Policy Change and the Role of Policy-Oriented Learning Therein", *Policy Sciences*, Vol. 21, No. 2 – 3, 1988.

Simon, H. A., *Administrative Behavior: A Study of Decision Making Processes in Administrative Organizations*, New York: Macmillan Co., 1947.

Smith, T. B. , "The Policy Implementation Process", *Policy Sciences*, Vol. 4, No. 2, 1973.

Spillane, J. P. , Reiser, B. J. , Reimer, T. , "Policy Implementation and Cognition: Reframing and Refocusing Implementation Research", *Review of Educational Research*, Vol. 72, No. 3, 2002.

Stevens, R. , Moray, N. , Bruneel, J. , Clarysse, B. , "Attention Allocation to Multiple Goals: The Case of For-Profit Social Enterprises", *Strategic Management Journal*, Vol. 36, No. 7, 2015.

Tang, X. , Liu, Z. W. & Yi, H. T. , "Mandatory Targets and Environmental Performance: An Analysis Based on Regression Discontinuity Design", *Sustainability*, Vol. 8, No. 9, 2016.

Teodoro, M. P. , Haider, M. , Switzer, D. , "US Environmental Policy Implementation on Tribal Lands: Trust, Neglect, and Justice", *Policy Studies Journal*, Vol. 46, No. 1, 2018.

Thaler, R. H. , Sunstein, C. R. , *Nudge: Improving Decisions about Health, Wealth, and Happiness*, New York: Penguin Books, 2009.

Thomann, E. , Rapp, C. , "Who Deserves Solidarity? Unequal Treatment of Immigrants in Swiss Welfare Policy Delivery", *Policy Studies Journal*, Vol. 46, No. 3, 2018.

Thomann, E. , Van Engen, N. , Tummers, L. , "The Necessity of Discretion: A Behavioral Evaluation of Bottom-Up Implementation Theory", *Journal of Public Administration Research and Theory*, Vol. 28, No. 4, 2018.

Van Meter, D. S. , Van Horn, C. E. , "The Policy Implementation Process: A Conceptual Framework", *Administration & Society*, Vol. 6, No. 4, 1975.

Weick, K. E., Sutcliffe, K. M., "Mindfulness and the Quality of Organizational Attention", *Organization Science*, Vol. 17, No. 4, 2006.

Winkel, G., Leipold, S., "Demolishing Dikes: Multiple Streams and Policy Discourse Analysis", *Policy Studies Journal*, Vol. 44, No. 1, 2016.

Xue, L., Zhao, J., "Truncated Decision Making and Deliberative Implementation: A Time-Based Policy Process Model for Transitional China", *Policy Studies Journal*, Vol. 48, No. 2, 2020.

Yanow, D., "The Communication of Policy Meanings: Implementation as Interpretation and Text", *Policy Sciences*, Vol. 26, No. 1, 1993.

Yi, H., Suo, L., Shen, R., Zhang, J., Ramaswami, A., Feiock, R. C., "Regional Governance and Institutional Collective Action for Environmental Sustainability", *Public Administration Review*, Vol. 78, No. 4, 2018.

Yin, R. K., *Case Study Research and Applications: Design and Methods*, Sixth edition, Thousand Oaks, California: Sage Publications Inc., 2018.

York, J. G., Hargrave, T. J., Pacheco, D. F., "Converging Winds: Logic Hybridization in the Colorado Wind Energy Field", *Academy of Management Journal*, Vol. 59, No. 2, 2016.

Zahariadis, N., Exadaktylos, T., "Policies that Succeed and Programs that Fail: Ambiguity, Conflict, and Crisis in Greek Higher Education", *Policy Studies Journal*, Vol. 44, No. 1, 2016.

Zhang, P., "Target Interactions and Target Aspiration Level Adaptation: How Do Government Leaders Tackle the 'Environment-Economy' Nexus?", *Public Administration Review*, Vol. 81, No. 2, 2021.

Zhu, J. N. , Huang, H. , Zhang, D. , " 'Big Tigers, Big Data' : Learning Social Reactions to China's Anticorruption Campaign through Online Feedback", *Public Administration Review*, Vol. 79, No. 4, 2019.

附录　访谈提纲

地方政府官员

第一部分：基本情况

1. 请您简单介绍一下您在环保部门的工作经历。

2. 请您简单介绍一下您分管的工作有哪些，具体工作是什么？

3. 请您简单介绍一下您单位涉及环境保护工作的具体情况。

第二部分：具体情况

4. 您如何看待约束性指标政策，能否具体讲述一下这个过程？

5. 您如何看待不同类型企业和各级政府的长期关系？

6. 您认为影响环境有效执行的主要原因是什么？

7. 您了解之前的节能减排目标吗？能否具体介绍一下整个过程？

8. 您所在单位是如何进行参与的，是基于什么样的考虑？

9. 在环境政策执行过程中，对您县就业情况、经济发展、财政收入有什么影响？

10. 在环境政策执行过程中，主要考虑的因素是什么？

11. 政策执行过程中是保护地方利益还是保证政治任务？

12. 执行主要参与人员构成及协商形式是什么？

13. 政策执行人员是否存在不够的情况？

14. 地方政府领导越重视环保，环境政策执行得越好吗？

企业相关负责人

1. 制定环境政策目标时，您集团是否有参与？

2. 节能减排政策大背景下，都遇到了哪些问题和挑战？

3. 环境政策执行过程中，是否和其他企业有协商或者合作？

4. 您认为在环境政策执行过程中面临的困难和障碍是什么？

5. 您如何看待环境政策目标与方向？

后　记

本书是在我的博士学位论文基础上修改完成的。工作单位山东社会科学院为本书出版提供了出版资助、博士基金项目和博士后基金项目的经费支持。此外，本书写作出版得到了山东省自然科学基金青年项目（ZR2023QG174）的资助，特此感谢！

感谢山东社会科学院，感谢中国社会科学出版社，感谢我的博士后合作导师杨金卫院长，感谢我的博士导师吴建祖教授，感谢我的家人，感谢我的小伙伴们。

张坤鑫

2023 年 9 月